空间面数据的空间自相关统计检验方法研究

罗庆 著

武汉大学出版社

图书在版编目(CIP)数据

空间面数据的空间自相关统计检验方法研究／罗庆著. -- 武汉：武汉大学出版社，2025.8. -- ISBN 978-7-307-25146-5

Ⅰ. P208.2

中国国家版本馆 CIP 数据核字第 2025GE5169 号

责任编辑：任仕元　　　责任校对：鄢春梅　　　版式设计：马　佳

出版发行：**武汉大学出版社**　　（430072　武昌　珞珈山）
（电子邮箱：cbs22@whu.edu.cn 网址：www.wdp.com.cn）

印刷：武汉邮科印务有限公司

开本：787×1092　1/16　　印张：11　　字数：255 千字　　插页：1

版次：2025 年 8 月第 1 版　　2025 年 8 月第 1 次印刷

ISBN 978-7-307-25146-5　　　定价：60.00 元

版权所有，不得翻印；凡购买我社的图书，如有质量问题，请与当地图书销售部门联系调换。

前　　言

空间自相关(Spatial Autocorrelation)量化了地理变量在研究区域内的自相关程度，是空间数据分析(Spatial Data Analysis)中非常重要的一项指标，它贯穿于空间数据分析的整个过程。在移动互联网和各种传感技术飞速发展的人工智能时代，空间数据的获取也越来越容易，这些数据中很大一部分具有庞大的数据量。因而，空间自相关的有关性质有必要从最初的适用于中小样本量(如 10^3 量级以内)的情况拓展到大样本量的情况，并且空间模型中由于样本量增大而出现的问题(如 p-值问题)也需要新的解决方案。

本书主要研究海量(本书中的"海量"均指大样本量)空间面数据分析中的空间自相关问题，具体包括如下内容：

(1)对于不同概率分布的兴趣变量和不同形式的空间划分，如何选择合适的空间统计量来描述数据？

(2)在统计推断的假设检验阶段，如何结合实际设立关于自相关的合理原假设？这些原假设下的自相关参数的概率分布是怎样的？

(3)对存在于各学科统计数据分析的 p-值问题，当以空间自相关统计量/参数为假设检验对象时该如何解决？

第一个问题可以理解为探寻空间统计中"描述性统计量"的大样本性质；第二个问题和第三个问题属于统计推断范畴，设定合理原假设是为了更契合空间数据的特性(大部分存在相关性)，在大样本量下进行适当的假设检验避免 p-值问题，是为了支持的统计决策更可信。

对于以上三个方面的内容，本书对应做了如下工作：

(1)选定两种经典的空间自相关统计量 Moran Coefficient(MC)和 Geary Ratio(GR)，从二者渐近方差的角度探讨了第一个问题。

(2)聚焦到空间自回归模型代表形式之一的空间同步自回归(Simultaneous AutoRegressive，SAR)模型，本书给出了该模型中空间自相关参数 ρ 非零情况下的统计分布。

(3)本书首次利用实质性差异检验来解决空间统计背景下的 p-值问题，并且给出了确定自相关统计量/参数实质性差异阈值的方法。

以上工作和成果对海量空间面数据的分析具有积极的意义，为海量空间数据分析过程中的空间自相关统计量选择和模型设立后的自相关假设检验环节，包括处理 p-值问题，提供了理论和方法上的参考。

本书的主要工作完成于本人博士学习期间，在此特别感谢我的导师，武汉大学吴华意教授、得克萨斯大学(达拉斯)Daniel A. Griffith 教授！感谢刘光波同学对于本书部分代码的整理工作！最后感谢家人一直以来对我的全力支持！

由于水平有限，书中难免存在疏漏之处，敬请各位读者批评指正。

作　者

2025 年 4 月

目　　录

第1章　绪论·· 1
1.1　空间自相关的历史发展·· 1
1.2　空间自相关研究概览·· 5
1.3　空间自相关的几个研究问题·· 10
1.4　本书的逻辑结构··· 11

第2章　空间自相关理论基础··· 14
2.1　空间自相关的基本概念··· 14
2.1.1　空间自相关的度量对象··· 14
2.1.2　空间自相关统计量的随机性··· 15
2.1.3　空间划分与空间权重矩阵·· 16
2.1.4　全局与局部空间自相关··· 21
2.1.5　空间自回归模型·· 22
2.2　空间自相关统计检验基础·· 23
2.2.1　空间自相关统计检验的原模型······································· 23
2.2.2　空间自相关统计量的渐近有效性和统计功效····················· 23
2.2.3　构造非零原模型·· 24
2.2.4　大样本量空间数据的假设检验······································· 26
2.3　本章小结·· 29

第3章　空间自相关统计检验研究进展·· 30
3.1　经典空间自相关统计检验·· 31
3.1.1　单变量空间自相关统计检验·· 31
3.1.2　回归模型的空间自相关统计检验···································· 32
3.1.3　局部空间自相关统计检验··· 33
3.2　空间自相关统计检验拓展研究·· 36
3.2.1　考虑异方差问题的空间回归模型的自相关统计检验············ 36
3.2.2　混合空间过程的空间自相关统计检验······························ 37
3.2.3　具有空间自相关性的变量之间的相关性检验····················· 39
3.3　空间自相关统计检验的 p-值与原模型······································ 41
3.3.1　大样本量空间数据的自相关统计检验 p-值问题·············· 41

1

3.3.2　建立适当的空间自相关统计检验原模型——非零原模型 …………… 42
　3.4　本章小结 ……………………………………………………………………… 43

第4章　海量空间数据自相关统计量的性质 …………………………………… 45
　4.1　两个重要的空间自相关统计量 ……………………………………………… 45
　　4.1.1　MC 与 GR 的定义及内涵 ……………………………………………… 45
　　4.1.2　MC 与 GR 的关系 ……………………………………………………… 47
　4.2　MC 与 GR 的有效性与统计功效 …………………………………………… 49
　　4.2.1　MC 和 GR 的渐近方差 ………………………………………………… 49
　　4.2.2　有效性分析 …………………………………………………………… 51
　　4.2.3　MC 和 GR 的统计功效 ………………………………………………… 55
　4.3　Join Count 统计量 …………………………………………………………… 59
　4.4　两个遥感影像的实例 ………………………………………………………… 60
　　4.4.1　连续变量的实例 ……………………………………………………… 61
　　4.4.2　二元离散变量的实例 ………………………………………………… 62
　4.5　本章小结 ……………………………………………………………………… 63

第5章　非零空间自相关参数的统计分布：以 SAR 模型为例 ………………… 65
　5.1　关于 SAR 模型自相关参数原假设的讨论 …………………………………… 65
　　5.1.1　原假设 H_0：$\rho_0 = 0$ 的不合理性讨论 ………………………………………… 66
　　5.1.2　合理的原假设设定 …………………………………………………… 66
　5.2　SAR 模型的参数估计方法 …………………………………………………… 70
　5.3　SAR 模型空间自相关参数估计量的抽样分布 ……………………………… 71
　　5.3.1　$\hat{\rho}$ 的方差在零点的抽样分布 ………………………………………… 72
　　5.3.2　$\hat{\rho}$ 的方差在非零点的抽样分布 ……………………………………… 72
　　5.3.3　验证抽样分布——蒙特卡罗模拟实验 ……………………………… 73
　5.4　两个案例 ……………………………………………………………………… 77
　　5.4.1　数据说明 ……………………………………………………………… 77
　　5.4.2　结果和解释 …………………………………………………………… 78
　5.5　本章小结 ……………………………………………………………………… 79

第6章　大样本量数据空间自相关的实质性差异假设检验 …………………… 80
　6.1　空间数据分析背景下 p-值问题的描述 ……………………………………… 80
　6.2　p-值问题的空间统计解决方案 ……………………………………………… 81
　　6.2.1　效应量与科学显著性 ………………………………………………… 81
　　6.2.2　效应量与实质性差异 ………………………………………………… 82
　6.3　实质性差异检验的理论基础 ………………………………………………… 83
　　6.3.1　等效/非劣效性检验 …………………………………………………… 84

  6.3.2 实质性差异检验与等效性检验的对偶性 ································· 85
  6.3.3 自相关实质性差异检验的求解 ··· 86
 6.4 空间自相关统计量/参数的实质性差异检验法 ································· 87
  6.4.1 MC 的实质性差异阈值的确定 ··· 87
  6.4.2 ρ 的实质性差异阈值的确定 ··· 88
  6.4.3 空间自相关实质性差异检验 ··· 90
 6.5 本章小结 ··· 92

第 7 章 总结与讨论
 7.1 研究内容总结 ··· 93
 7.2 GeoAI 背景下的空间自相关 ··· 95
  7.2.1 空间自相关与数据准备 ··· 96
  7.2.2 空间自相关与模型构建 ··· 98
  7.2.3 空间自相关与模型评估 ··· 98

附录
 附录 1 生成不同平面结构的空间邻接矩阵的 R 代码 ······························ 101
 附录 2 MC 和 GR 关系式（4-5）的数学证明 ······································ 106
 附录 3 SAR 模型参数的极大似然估计 ··· 107
 附录 4 关于 $\mathrm{Var}(\hat{\rho})_{\mathrm{asy}}$ 的模拟实验情况 ·· 108
 附录 5 SAR 模型空间自相关参数估计值的方差计算 R 代码 ······················· 112
 附录 6 两个不同程度自相关的例子说明 ·· 120
 附录 7 模拟不同自相关强度的空间模式 ·· 121

参考文献 ··· 142

图　索　引

图 1-1　空间分析思想最早应用于传染病研究的案例 ⋯⋯⋯⋯⋯⋯⋯⋯⋯⋯⋯⋯　2
图 1-2　华盛顿学派与空间自相关提出的关系 ⋯⋯⋯⋯⋯⋯⋯⋯⋯⋯⋯⋯⋯⋯　4
图 1-3　与空间自相关相关的学科关系概略图 ⋯⋯⋯⋯⋯⋯⋯⋯⋯⋯⋯⋯⋯⋯　5
图 1-4　与空间自相关相关的研究领域 ⋯⋯⋯⋯⋯⋯⋯⋯⋯⋯⋯⋯⋯⋯⋯⋯⋯　6
图 1-5　空间自相关相关研究的词共现网络 ⋯⋯⋯⋯⋯⋯⋯⋯⋯⋯⋯⋯⋯⋯⋯　7
图 1-6　空间自相关研究者的合作网络 ⋯⋯⋯⋯⋯⋯⋯⋯⋯⋯⋯⋯⋯⋯⋯⋯⋯　9
图 1-7　(空间)数据分析的主要流程 ⋯⋯⋯⋯⋯⋯⋯⋯⋯⋯⋯⋯⋯⋯⋯⋯⋯　11
图 2-1　研究区域和兴趣变量示意图 ⋯⋯⋯⋯⋯⋯⋯⋯⋯⋯⋯⋯⋯⋯⋯⋯⋯　15
图 2-2　理论和实际中空间划分的例子 ⋯⋯⋯⋯⋯⋯⋯⋯⋯⋯⋯⋯⋯⋯⋯⋯　17
图 2-3　单元 A 的二阶邻域示意图 ⋯⋯⋯⋯⋯⋯⋯⋯⋯⋯⋯⋯⋯⋯⋯⋯⋯⋯　18
图 2-4　全局自相关不显著、局部自相关显著的空间模式图 ⋯⋯⋯⋯⋯⋯⋯　21
图 3-1　单变量的空间自相关统计检验理论框架图——以 MC 检验为例 ⋯⋯　32
图 3-2　回归模型的空间自相关假设检验思路 ⋯⋯⋯⋯⋯⋯⋯⋯⋯⋯⋯⋯⋯　34
图 3-3　局部空间自相关统计检验理论框架图——以局部莫兰指数和 G_i 与 G_i^* 为例 ⋯　35
图 3-4　空间自相关统计检验扩展研究问题分类及主要方法 ⋯⋯⋯⋯⋯⋯⋯　41
图 3-5　非零原模型构建框架 ⋯⋯⋯⋯⋯⋯⋯⋯⋯⋯⋯⋯⋯⋯⋯⋯⋯⋯⋯⋯　43
图 4-1　兴趣变量的四种代表分布的概率密度曲线 ⋯⋯⋯⋯⋯⋯⋯⋯⋯⋯⋯　47
图 4-2　不同空间划分下的 MC 和 GR 的关系图 ⋯⋯⋯⋯⋯⋯⋯⋯⋯⋯⋯⋯　48
图 4-3　MC 与 GR 渐近方差比的收敛性 ⋯⋯⋯⋯⋯⋯⋯⋯⋯⋯⋯⋯⋯⋯⋯　53
图 4-4　MC 与 GR 精确方差比的收敛性 ⋯⋯⋯⋯⋯⋯⋯⋯⋯⋯⋯⋯⋯⋯⋯　54
图 4-5　假设检验的统计功效示意图 ⋯⋯⋯⋯⋯⋯⋯⋯⋯⋯⋯⋯⋯⋯⋯⋯⋯　56
图 4-6　不同空间划分及样本量下的 MC 和 GR 的统计功效对比图 ⋯⋯⋯⋯　58
图 4-7　GR 与 BW 的统计功效对比图 ⋯⋯⋯⋯⋯⋯⋯⋯⋯⋯⋯⋯⋯⋯⋯⋯　60
图 4-8　黄山地区遥感影像图 ⋯⋯⋯⋯⋯⋯⋯⋯⋯⋯⋯⋯⋯⋯⋯⋯⋯⋯⋯⋯　61
图 4-9　黄山地区遥感影像 NDVI 分布图 ⋯⋯⋯⋯⋯⋯⋯⋯⋯⋯⋯⋯⋯⋯⋯　61
图 4-10　北京地区怀柔水库遥感影像及其二值化效果 ⋯⋯⋯⋯⋯⋯⋯⋯⋯　62
图 5-1　SAR 模型 ρ 的估计量的分布 ⋯⋯⋯⋯⋯⋯⋯⋯⋯⋯⋯⋯⋯⋯⋯⋯　66
图 5-2　实际应用中常见的空间划分 ⋯⋯⋯⋯⋯⋯⋯⋯⋯⋯⋯⋯⋯⋯⋯⋯⋯　68
图 5-3　MC 与 $\hat{\rho}$ 的一一对应关系 ⋯⋯⋯⋯⋯⋯⋯⋯⋯⋯⋯⋯⋯⋯⋯⋯⋯　68
图 5-4　MC 对 ρ 值的拟合效果图 ⋯⋯⋯⋯⋯⋯⋯⋯⋯⋯⋯⋯⋯⋯⋯⋯⋯　69
图 5-5　$\hat{\rho}$ 对 $\text{Var}(\hat{\rho})_{\text{asy}}$ 的拟合效果图 ⋯⋯⋯⋯⋯⋯⋯⋯⋯⋯⋯⋯⋯⋯⋯⋯　74

图 5-6　10×10 样本量的模拟实验图 ·· 76
图 5-7　零点的近似标准差收敛和标准差比例图 ························ 76
图 5-8　兴趣变量呈现不同自相关程度的例子 ···························· 77
图 6-1　自相关强度和样本量对 p-值的影响 ······························ 81
图 6-2　计算 MC 实质性差异阈值方案流程图 ··························· 88
图 6-3　计算 ρ 实质性差异阈值方案流程图 ······························ 89
图 6-4　兴趣变量呈现不同自相关程度的例子 ···························· 91
附图 4-1　规则格网 Rook 划分下 $\hat{\rho}$ 的渐近方差理论值与精确值的对比 ·········· 109
附图 4-2　规则格网 Queen 划分下 $\hat{\rho}$ 的渐近方差理论值与精确值的对比 ········· 110
附图 4-3　六边形划分下 $\hat{\rho}$ 的渐近方差理论值与精确值的对比 ··············· 111
附图 6-1　模拟数据及其 SAR 回归残差的统计特性 ······················· 120
附图 6-2　黄山地区遥感影像数据及其 SAR 回归残差的统计特性 ········· 120
附图 7-1　符合特定莫兰指数值的随机数空间格局（100×100） ············· 122

表 索 引

表 2-1	不同空间划分的邻居数目	19
表 2-2	不同空间划分下的矩阵 C 的特征根极值和 MC 与 GR 的极值	20
表 4-1	MC 与 GR 理论表达式的参数估计值	48
表 4-2	MC 与 GR 的方差比与修正系数	52
表 4-3	MC 与 GR 的渐近方差近似精确方差的最小样本量	54
表 4-4	黄山遥感影像选定区域的 NDVI 的有关计算结果	62
表 4-5	二值化的怀柔库区遥感影像自相关的有关计算结果	63
表 5-1	$\hat{\rho}$ 与 MC 的理论关系式	69
表 5-2	不同空间划分下的 $\hat{\rho}$ 在零点的渐近方差	72
表 5-3	不同空间划分下 $\mathrm{Var}(\hat{\rho}) \sim \hat{\rho}$ 的理论表达式	73
表 5-4	蒙特卡罗模拟实验的不同方法组合——以 10×10 的样本为例	74
表 5-5	不同自相关程度例子的假设检验结果	78
表 6-1	自相关统计量/参数的实质性差异阈值表	90
表 6-2	ρ 的常规假设检验与实质性差异检验对比	91
表 7-1	空间交叉验证方法对比	99
附表 4-1	模拟实验实施情况汇总	108
附表 7-1	不同自相关程度 Matérn 模型参数设定参考值	121

第 1 章 绪 论

空间自相关(Spatial Autocorrelation)①具有丰富的内涵。狭义上，它是描述地理变量（或空间变量、或区域变量）自相关性的一类统计量或模型参数的总称，它量化了研究对象在某一个地理范围内的聚集程度。广义上，它是建模和分析地理现象在空间上呈现的不同分布特征和溢出效应的方法论。更一般地，它代表地理变量受自然或人为因素影响在空间上呈现某种分布规律的现象。

关于空间自相关的最早研究可追溯至 1914 年。Student 在其评论文章中指出，当两个随机变量的数据分布在时间或者空间上时，其皮尔逊相关系数的分布会不同于独立情况下的分布（Student，1914）。目前广泛使用的空间自相关统计量和参数诞生于 20 世纪 50 年代（Moran，1950；Geary，1954；Whittle，1954）。在被称为空间自相关之前，它有多种版本的称谓，如空间相关性(Spatial Association)、空间依赖性(Spatial Dependence)、空间交互性(Spatial Interdependence)，等等（Cliff and Ord，1969）。空间自相关比较完善的统计理论体系建立于 1970—1980 年代（Cliff and Ord，1973；Cliff and Ord，1981）。之后，关于空间自相关的研究和应用得到了蓬勃发展（Getis and Ord，1992；Anselin，1995；Tiefelsdorf and Boots，1995；Fotheringham et al.，2002；Griffith，2003；Rogerson and Yamada，2008；Chun and Griffith，2013；Lawson et al.，2016；Bivand，2018）。

在当今空间数据获取途径越来越多样化、空间数据量呈"爆炸式"增长的背景下，作为空间数据分析(Spatial Data Analysis)的核心内容，空间自相关的有关性质有必要从最初的适用于中小样本量(如 10^3 量级以内)的情况拓展到大样本量的情况，并且空间模型中由于样本量增大而出现的问题(如 p-值问题)也需要相应的解决方案。

1.1 空间自相关的历史发展

空间自相关与研究对象的地理位置息息相关，是空间数据分析和空间统计(Spatial Statistics)中的重要内容。从地理信息系统/地理信息科学(GIS/GIScience)的角度来看，空间自相关、空间数据分析以及空间统计三者之间具有密切的联系。

GIS/GIScience 是一门古老而又年轻的学科。早在 1832 年法国地理学家 Charles Picquet 就以热力图的形式表达了巴黎 48 个街区的霍乱致死病例数(见图 1-1(a))；受同样思想的启发，1854 年英国医生 John Snow 通过在地图上标注伦敦的霍乱病患发病地点(见图 1-1(b))，成功找出了致病水源所在地。这是将地理位置信息融入传染病研究的经

---

① 如无特殊说明，下文中的自相关均指空间自相关。

典案例,也是 GIS 的一个典型应用。20 世纪 50 年代和 60 年代初,计算机科学成为一门独立的学科,为 GIS 的正式建立提供了契机——世界上第一个可操作的地理信息系统于 20 世纪 60 年代诞生于加拿大渥太华,用于土地资源的管理。此后随着计算机技术的飞速发展以及统计方法的应用,GIS 历时 30 多年上升到了一个新的层次:1992 年 Goodchild 首先提出了 GIScience 的概念(Goodchild, 1992)①。

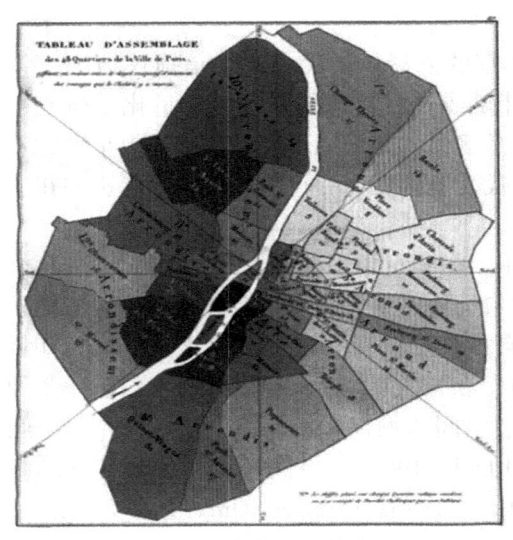 

(a)1832 年巴黎地区霍乱热力图　　(b)1854 年伦敦街区霍乱发病聚集图

图 1-1　空间分析思想最早应用于传染病研究的案例②

地理信息系统之所以上升为科学,其中很大一部分原因是它催生了空间数据分析(Goodchild and Haining, 2004)。不同于经典意义上的数据/统计分析,空间数据分析的一个显著特征是其处理的数据包含了地理坐标或相对位置信息。如何在分析过程中利用和处理这些位置信息,并且得到有助于理解现实世界现象(如以上提到的霍乱案例)的可解释的结果一直是空间数据分析的核心目标。Fischer 和 Getis 的著作中收录了空间数据分析的各种技术(软件工具如 SAS、R、GeoDa 等)和方法(如空间统计、地统计(Geostatistics)、空间计量经济学(Spatial Econometrics)等)(Fischer and Getis, 2009),并且介绍了其广阔的应用领域(比如经济学、环境科学、公共健康等)。与这部百科全书式的著作不同,Fischer 和 Wang 合作撰写的空间数据分析专著详述了针对两种常见的空间数据的分析技术:适用于空间面数据(Spatial Areal Data)的方法和模型、适用于空间交互数据或流数据(Spatial Interaction Data or Spatial Origin-Destination Flow Data)的方法和模型(Fischer and Wang, 2011)。这些方法为空间数据分析提供了有力的理论支撑,为其应用到广泛的学科

---

① 这篇文章发表在 IJGIS 上,这本期刊当时称为 International Journal of Geographical Information Systems, 1997 年更名为 International Journal of Geographical Information Science。

② 图片来自 https://nobelsystemsblog.com/an-overview-of-gis-history/。

和领域奠定了基础。

不管空间数据的形式如何，对于空间自相关的处理一直是空间数据分析的关键，而空间统计又是空间数据分析的核心方法。自从 Cliff 和 Ord 于 20 世纪 70—80 年代系统提出探测和建立空间自相关的方法（Cliff and Ord，1973；Cliff and Ord，1981）后，空间统计经过半个世纪的发展已经能够很好地处理空间自相关这个关键问题。空间统计包含两个体系：空间计量经济学体系和地统计学体系（Griffith，2012）。空间计量经济学的研究对象主要是带有地理位置信息的社会经济类数据，而空间回归模型的有效应用是解释某种区域经济现象的关键所在，因此在空间计量学的著作中，各种空间模型的建立和求解成为主要内容。这其中，推出了代表性著作的有 Paelinck 等（1979）、Anselin（1988b）、Lesage 和 Pace（2009）。与空间计量经济学以英语为主要的传播语言不同，空间统计学的另外一个体系——地统计学，早期以法语为主要传播语言。独立于空间计量经济学的自回归模型体系，地统计以半方差模型——Semi-Variogram（Matheron，1963）为核心，以空间点数据为对象，最早用于采矿业（如插值出未采样点的矿石品质）。对半方差模型的一个系统总结可参考 Cressie 的著作（Cressie，1993）。半方差模型的核心是克里金（Kriging）插值，该插值方法的思想是利用已知样本点来估计克里金模型参数，再根据估计出的模型计算出未采点的值。克里金插值的关键点有两个，一个是半方差函数的估计，另一个是最小化克里金方差（Delmelle，2009）。

空间统计的核心问题是空间自相关。自相关最初的诞生与 1950—1960 年代的地理学"量化革命"有着密不可分的关系，图 1-2 所示为量化革命的谱系图，图中的地理学者形成了"华盛顿学派"。该学派的代表人物之一 Dacey 1960 年代在美国西北大学执教，其间指导了 Cliff，Cliff 在完成了硕士阶段的学习后返回了故乡布里斯托尔，并在那里攻读博士学位。他在布里斯托尔大学（Bristol University）读博期间与当时在该校经济系执教的新晋理论统计学博士 Ord 合作，建立了自相关的假设检验体系（Getis，2008），为空间统计的发展打下了坚实的基础。

空间自相关的另一种通俗表述是 Tobler 地理学第一定律（Tobler，1970），即"越临近越相关"。在空间统计的方法蓬勃发展的半个多世纪里，围绕着空间自相关又有地理学第二定律和第三定律相继被提出。第二定律的表述不唯一，比如 Tobler 给出了一个"外部影响内部"[①]的版本（Tobler，1999），Foresman 和 Luscombe 从空间促成经济（Spatially Enabled Economy）的角度给出了另一个表述（Foresman and Luscombe，2017），但是广为接受的是 Harvey 的"空间异质性（Spatial Heterogeneity）"的版本（Goodchild，2004）。第三定律被朱阿兴和他的同事们提出，他们指出第三定律关注于地理划分的相似性（the similarity of geographical configuration of locations）（Zhu et al.，2018）。不论是第二定律还是第三定律，导致它们出现的根本原因都是空间自相关。

[①] Tobler 版本的地理学第二定律原表述为 "The phenomenon external to an area of interest affects what goes on inside"。

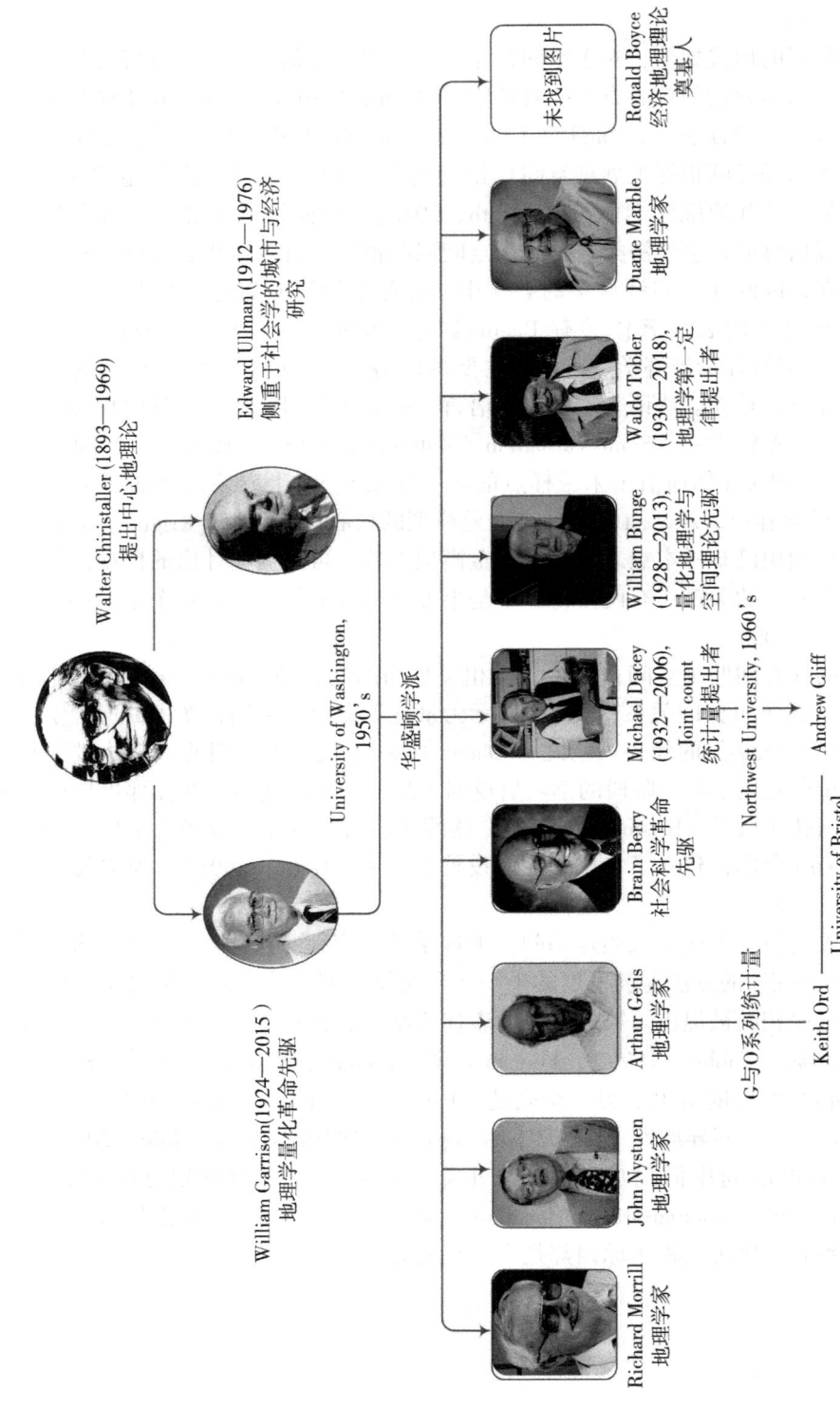

图1-2 华盛顿学派与空间自相关提出的关系

图 1-3 为空间自相关有关领域的关系图。空间自相关不仅属于地理信息科学，也和其他一切涉及具有位置属性的数据的学科（本章第 2 节会详细讨论）具有密切关系。这些学科包含了空间统计和空间自相关理论与应用方面的许多研究（Gibson et al.，2015；Lapierre et al.，2018；Legendre，1993）；同时，GIS 中的空间分析功能也对相关学科的发展起到了促进作用。

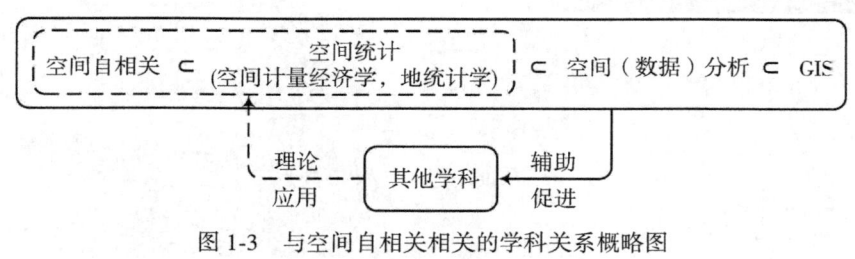

图 1-3 与空间自相关相关的学科关系概略图

（图中的"⊂"为集合的"包含于"符号）

随着人工智能大势的到来，空间自相关在经历了传统统计框架下的理论发展阶段后进入了地理空间人工智能（Geospatial Artificial Intelligence，GeoAI）时代（VoPham et al.，2018；Mai et al.，2025；Li et al.，2024）。由于空间自相关内涵的丰富性和方法的灵活性，以及现实研究问题的复杂性和多样性，目前空间自相关尚未被融入 AI 方法的统一框架，但是，空间自相关已切实被嵌入 AI 方法解决空间数据分析与挖掘问题的全流程中（Jemeljanova et al.，2024；Yoo and Koo，2024；Rocha et al.，2019；Mohankumar and Hefley，2022；Wadoux and Heuvelink，2023）。对此，本书第 7 章有专门的讨论，此处不做详述。

1.2 空间自相关研究概览

作为一种自然和社会的现象，自相关的本质属性决定了它不仅存在于地理学中，也存在于研究对象带有位置信息的所有学科中。以"spatial autocorrelation"为主题词，在 Web of Science（WoS）中按 SCI-EXPANDEN 和 SSCI 索引，共搜索出 1985—2024 年四十间的相关文献 12232 篇（称为当前数据集，包括 12232 篇文献的引文信息），其中前十名的领域分类①如图 1-4 所示。可以看出，与自相关相关的最活跃的研究领域为环境科学和生态学，其他较活跃的领域有环境研究、公共环境职业卫生、生物多样性保护、地理物理、地理学、进化生物学地球科学交叉、绿色发展科学技术等。除了地理学与地球科学交叉（约 17.5%），空间自相关的研究大多集中在环境、生物和生态学领域（约 82.5%，生态学中更多地将空间自相关称为空间模式（Fortin et al.，2001））。

---

① 本分类采用 Web of Science 的分类结果。

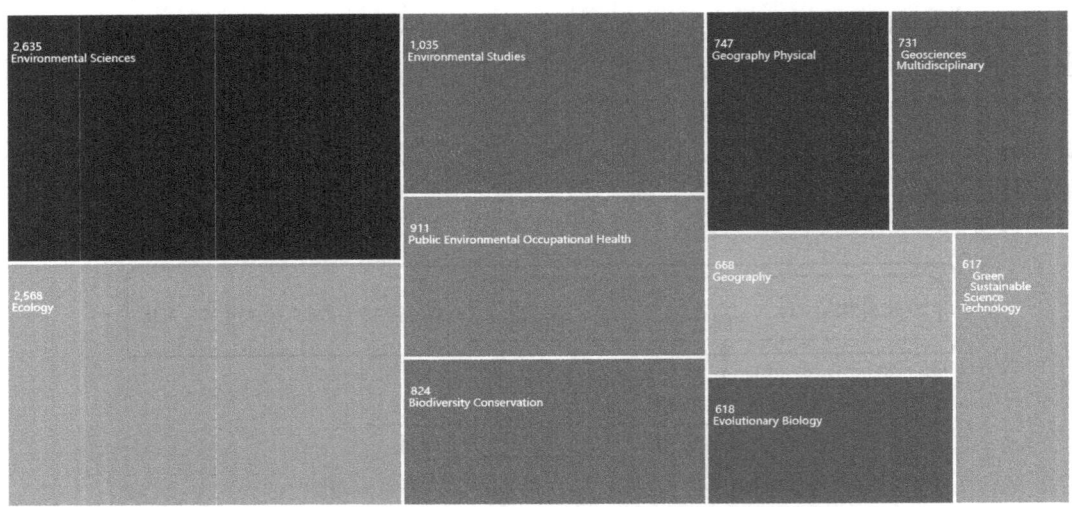

图 1-4 与空间自相关相关的研究领域
(图中数字为搜索到的文章篇数,这里只列出了排名前十的学科)

图 1-5 所示为当前数据集中关键词的共现网络,该网络中出现了五个较大的研究领域。其中,右上区域为空间自相关在生态领域的相关研究,研究主题包括生物多样性(Biswas et al., 2021)、气候变化(Crase et al., 2014)、物种丰度(Barros et al., 2023)等。右下部分代表生物遗传学的研究领域,研究主题包括物种散布(Ruggiero et al., 2005)、基因流(Burchhardt et al., 2011)、遗传多样性(Gren et al., 2016)等。左下区域为各种关于空间格局/模式(Spatial Pattern)分析的研究,例如流行病的时空演变(Ma et al., 2019; Jiao et al., 2024)、疾病死亡病例的分布(Spijker et al., 2021)、疾病的空间暴露(Considine et al., 2021; Grigsby-Toussaint and Shin, 2022)等。左中部分代表与中国有关主题的研究,例如城市化(Liu et al., 2021)、经济增长(Ma et al., 2023; Wang et al., 2019a)、碳排放(Yan et al., 2017; Liu et al., 2023b)、空间格局的驱动因素(Gu et al., 2023; Bu et al., 2021; Dong et al., 2019)等。中上区域涉及地统计方法的应用研究,例如土壤特性(Yuan et al., 2021; Sun et al., 2023b)、空间变化(Wang et al., 2017; Wan et al., 2023)、植被相关的主题(Ren et al., 2020; Yuan et al., 2020)等。

虽然自相关的理论体系最初由地理学家 Cliff 和统计学家 Ord 建立(Getis, 2008),但是自从生物统计(Sokal and Rohlf, 2009)的先驱 Sokal 将自相关引入生物领域(Sokal and Oden, 1978a; Sokal and Oden, 1978b)后,自相关的理论和应用研究便在生物、生态和环境领域快速发展。加拿大生态学者 Legendre 定义了生态/生物学建模中包含空间自相关的空间结构的表达方式,建立了生态数据的自相关统计检验方法,并且搜集了可以处理自相关问题的软件(Legendre, 1993);法国生态统计学者 Dray 和他的同事们利用对空间邻接矩阵的主坐标分析(Principle Coordinate Analysis),为空间结构在空间模型中的表达提供了合理的方法(Dray et al., 2006);澳大利亚致力于进化和保护生物学研究的 Peakall 及其团队设计开发了基于 Excel 的群体遗传分析软件 GenAlEx,该软件实现了对空间自相关的表达和检验的多种功能(Peakall and Smouse, 2012),在以分子为工具的生态学和生物学研究领域得到了广泛的应用。在生态/生物领域，除了对自相关的理论和工具的研究，也有很多基于实际问题的工作，例如研究某个物种分布与环境因素的关系（Daniel et al., 2017；Vekemans and Hardy, 2004）、某个种群的基因分布情况（Epperson and Allard, 1989；Manel et al., 2010），等等。在影响广度上，地理学范畴研究的数量和影响力不及生态学及生物学等领域的研究，但是在影响深度上，地理学领域建立了自相关的方法论，为涉及自相关的各学科的发展提供了不竭的动力。

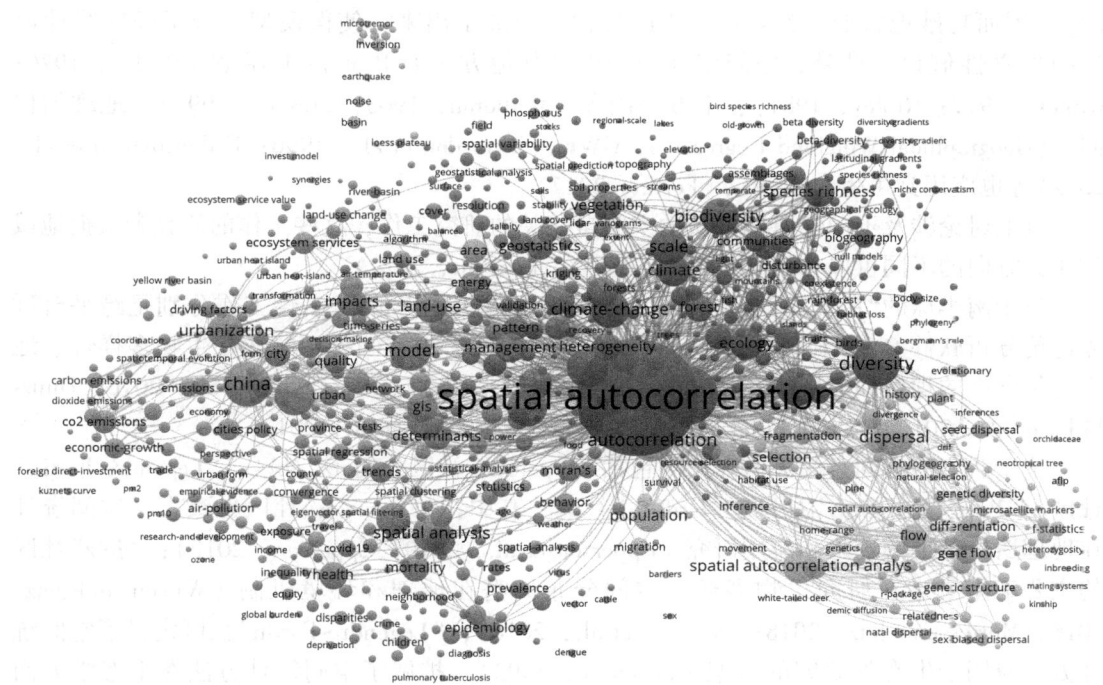

图 1-5　空间自相关相关研究的词共现网络

（12232 篇文献的词共现网络由 VOSviewer（van Eck and Waltman, 2010）生成）

生物统计学家 Sokal 将 Cliff 和 Ord 的关于空间自相关统计量的开创性成果（Cliff and Ord, 1973）引入生物学领域（Sokal and Oden, 1978a），并在此基础上定义了空间异质性来解释相关图（Correlogram）①（Sokal and Oden, 1978b），进而达到对种群进化过程进行推断的目的。在生态领域的空间聚类（Spatial Clustering）问题上，除了生态学经典的分类方法（Legendre and Legendre, 1998）第 8 章作了详细的阐述和对比，局部自相关统计量（Local Indicator of Spatial Association，LISA）如局部 Moran's I（Anselin, 1995）、G 和 O 统计量（Getis and Ord, 1992；Ord and Getis, 1995）也发挥了重要的作用。在对模型中自相关

---

①　相关图即距离和自相关强度的关系图。Sokal 指出了三种引起空间异质性（即物种在空间呈现不同的分布模式）的机制：距离隔离（isolation-by-distance，IBD）、迁徙（migration）以及选择（selection）；并且根据相关图和物种分布图之间的联系来对进化过程进行推断。

的处理上,生态学者 Borcard 和 Legendre 提出的邻域矩阵的主坐标分析法(Principle Coordinates of Neighbour Matrices, PCNM)(Borcard and Legendre, 2002)与地理学者 Griffith 提出的莫兰特征向量空间过滤方法(Moran Eigenvector Spatial Filtering, MESF)(Griffith, 1996; Griffith, 2003)有着异曲同工之妙:前者利用研究目标邻近区域的距离建立空间邻接矩阵,后者利用邻近区域的相邻关系构造矩阵(Griffith and Peresneto, 2006);二者都将邻接矩阵的特征向量作为代理变量加入线性模型的右边——这些特征向量代表了具有自相关性的"自变量",并且它们之间相互独立(实对称矩阵的特征值是相互正交的),因而巧妙地将变量或者误差中的自相关分离了出来,使得模型符合了经典线性模型的独立性假设。此外,空间统计中的许多其他方法如 Ripley's k 函数(Ripley, 1976; Ripley, 1977; Ripley, 1981)、半方差函数(Matheron, 1963; Cressie, 1993)、地理加权回归(Geographical Weighted Regression, GWR)(Brunsdon et al., 1996; Fotheringham et al., 2002)等也应用到了生态学领域(Fortin, 2017)。

以上讨论涉及不同学科和领域的空间自相关的研究工作,这些工作的研究者根据地域和研究方向的不同可以分为 11 个学术社区(Luo et al., 2022)。

位于南半球的"Peakall"社区和"Diniz-Bini-Rangel"社区的代表性工作分别是跨平台群体遗传分析软件 GenAIEx(Peakall and Smouse, 2012)与空间统计方法在生物多样性、地理遗传学上的理论和应用研究(Diniz - Filho et al., 2003; Diniz-Filho et al., 2016; Diniz-Filho et al., 2012a; Diniz-Filho et al., 2012b; Diniz-Filho et al., 2013)。

位于北美的空间自相关研究社区包括"Epperson"社区、"Jetz"社区、"Legendre-Fortin"社区、"Peres Neti-Dray"社区、"Griffith"社区。其中,"Epperson"社区也致力于空间统计在地理遗传学上的理论和应用研究(Epperson et al., 2010; Epperson, 2010);"Jetz"社区的主要工作集中在研究生物多样性空间分布的潜在地理和环境机制(Wilson and Jetz, 2016; Mertes and Jetz, 2018; Domisch et al., 2016);"Legendre-Fortin"社区定义了空间统计方法应用于生态学研究的框架(Legendre, 1993),扩展了空间统计方法在生态学方面的理论研究(Blanchet et al., 2008; Legendre et al., 2002; Fortin, 2017);"Peres Neti-Dray"社区的研究方向集中在生态学研究的多尺度和空间结构表达方面(Dray et al., 2006; Dray et al., 2012);"Griffith"社区创立了广泛应用的莫兰特征向量空间过滤方法体系(Griffith, 1996; Griffith et al., 2022c; Griffith, 2000b)。

位于欧洲的空间自相关研究社区包括"Thuiller-Kuehn"社区和"Svenning"社区。"Thuiller-Kuehn"社区的主要贡献是物种分布模型及其一系列改进工作(Cerasoli et al., 2020; Carl and Kuhn, 2017; Carl et al., 2018);"Svenning"社区从回归模型的角度研究潜藏在物种多样性数据中的空间自相关(Teng et al., 2018)。

亚洲的"Wang-Yang-Liu"社区和"Wang"社区从不同的角度推进了空间自相关的相关研究。前者致力于用自相关的方法研究城市相关问题,比如城市环境污染的空间建模(Liu et al., 2018; Wang et al., 2019b)、城市地表温度的空间影响因素(Guo et al., 2020a; Guo et al., 2020b)、城市化与公共政策(Zhang et al., 2018; Yin et al., 2018)等。后者聚焦于关于空间异质性或空间分异性的理论方法的研究和工具的开发,例如早期的"三明治"空间抽样(Wang et al., 2002)以及被广泛应用的地理探测器(Wang et al., 2016;

Wang et al., 2010b)。

图 1-6 展示了 2022—2024 年空间自相关研究的作者合作网络(以"spatial autocorrelation"为主题词, 在 Web of Science (WOS) 中按 SCI-EXPANDEN 和 SSCI 索引, 时间范围为 2022 年 1 月至 2024 年 12 月), 可以看到, 中国学者的发文占了绝大部分。除了类似于城市化等研究主题的实证研究, 中国学者关于空间自相关的研究越来越多地转移到了理论方法的创新。例如, 非平稳情况下的全局和局部空间自相关(热点或者流数据热点)的探测 (Yang et al., 2023a; Liu et al., 2025; Sun and Zhang, 2023; Cai and Kwan, 2022) 以及非平稳情况下的空间插值技术 (Yang et al., 2024), 变系数空间自回归模型即异质性空间自相关模型的提出(Zhang et al., 2024)扩展了空间自相关理论, 使其更加适用于现实世界中的复杂数据。另外, 空间自相关与机器学习方法的结合也是近年来中国学者关注的研究方向(Chen et al., 2024; Cao et al., 2022; Wang et al., 2023; Cheng et al., 2022)。传统机器学习方法大多基于独立的模型假设, 即假设数据是独立同分布的, 而这和独立性假设并不符合空间数据的特征, 将数据的空间结构特征融入机器学习的工作流中能够更高效地处理高维、多源、大批量的时空数据。

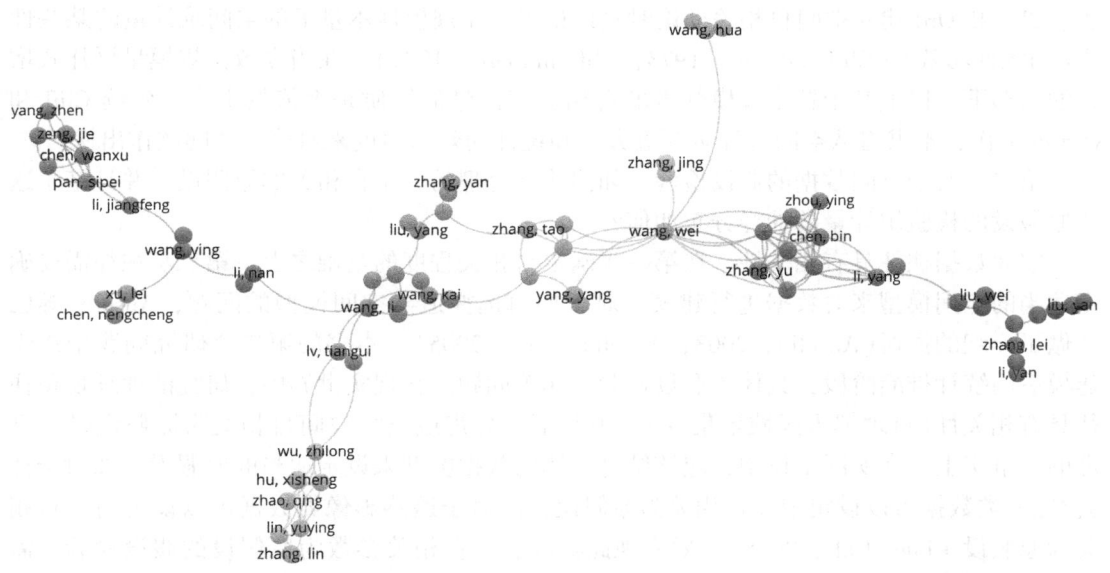

图 1-6 空间自相关研究者的合作网络(2022 年 1 月 1 日至 2024 年 12 月 31 日, 3263 篇文献的作者合作网络由 VOSviewer (van Eck and Waltman, 2010) 生成)

以上关于空间自相关研究定量的文献计量分析表明, 空间自相关涉及十分广泛的研究范围; 其方法不仅适用于地理现象和经济现象, 也适用于生态和生物现象——只要数据中包含位置信息, 几乎都可以找到空间自相关方法的痕迹。

在这样一个宏大的研究背景下, 本书对于空间自相关的讨论聚焦到如下几个方面:

(1)空间统计量在大样本量下的统计性质, 这部分的工作将为大样本量的空间数据分析提供指导作用, 为研究者选择恰当的空间自相关统计量提供理论依据;

（2）空间自相关假设检验的合理原假设的建立，使得空间数据分析中关于数据自相关性的原假设更符合空间数据的特点，在此基础上给出的自相关参数的非零分布也将使假设检验得出的结果更加准确（如果一律使用零原假设可导致犯第一类错误的概率增大）；

（3）提供空间统计中的 p-值问题的解决方案，为空间数据分析（尤其是大样本量下）的统计决策（接受或者拒绝）的可信性发挥积极的作用，使得其支持的结论更可信。

1.3 空间自相关的几个研究问题

本书以空间面数据为研究对象，探讨以下三个方面的问题。

第一，大样本量下如何选择适当的空间统计量来描述空间数据？

常规数据分析的第一步往往计算数据的概括性统计量（Summary Statistics），如最大值、最小值、均值、中位数等，在空间数据分析过程中，除以上常规的概括性统计量外，数据的自相关程度也是研究者们感兴趣的一个指标。空间数据分析与常规数据分析的最大不同在于，空间数据分析需要处理空间自相关，而基于经典统计的常规数据分析往往建立在数据相互独立的基础之上，因而正确并且恰当地描述空间自相关是空间数据分析的第一步。Cliff 和 Ord 建立空间自相关理论时只讨论了较小规模样本量下的空间统计量的某些性质（如统计功效）（Cliff and Ord, 1973; Cliff and Ord, 1981）。在当今数据规模呈爆炸式增长的情形下，以上基于较小规模样本的自相关统计量的性质是否依然不变？延续 Cliff 和 Ord 的工作，本书将从空间统计量渐近方差和统计功效的角度来对第一个问题作出探讨。

第二，对于空间数据的假设检验，如何建立合理的关于自相关的原假设？并且基于这些原假设的检验统计量的抽样分布如何？

空间数据往往具有相关性，在第一步确定自相关程度的基础之上，第二步往往需要确定适当的空间模型来对数据进行建模。对于如何选择适当空间模型的问题，Anselin 等已经做了详细的探讨（Anselin, 2003; Anselin et al., 2005）。本书的第二个研究问题聚焦于建模后的统计推断阶段，具体为假设检验的相关问题。在现实世界中，研究的地理现象往往具有相关性（可理解为区域聚集性），因此不加分辨地以零空间自相关为原假设是不合理的。事实上，在实际工作中，应该结合具体的数据类型来设定适当的原假设。如对于社会/经济类数据可以设定中度自相关为原假设，而对于遥感影像类数据可以设定高度自相关为原假设（Luo et al., 2018）。要实现此类以非零自相关参数为原假设的假设检验，需要知道检验统计量在非零原假设下的抽象分布。因此给出非零自相关参数的抽样分布是本书要解决的第二个问题。

第三，对于假设检验中大样本量下的 p-值问题，空间统计背景下要如何解决？

空间统计中对于空间自相关的假设检验依然存在 p-值问题。p-值问题近些年在统计学界引起了广泛的关注和讨论（Wellek, 2017; Amrhein et al., 2019）。引起 p-值问题的因素很多，除了 p-值本身的缺点（Wagenmakers, 2007），另一方面的原因是对 p-值的曲解和滥用。如反推参数从而得到显著的 p-值，或者不断增大样本量直到得到显著的 p-值为止等，以上这些都带有人为的痕迹，因此 p-值问题有时也被称为"p-值操控（p-hacking）"（Head et al., 2015）。除了人为因素，很多时候数据本身的性质也能引起"总是显著"的 p-值，如样本量很大时，假设检验总能得到接近于 0 的 p-值。本书对 p-值问题的研究限定于样本量大的情况。大样本量引起 p-值问题的根源在于方差的减小，在空间统计背景下，方差的减小不仅和样本量有关，也和自相关强度有关。因此，如何解决空间数据分析中的关于自相关假设检验的 p-值问题是本书关注的第三个问题。

从获取（空间）数据对其进行基本的描述性（或探索性）分析（如计算基本的概括统计量、绘制频率直方图和 Moran 散点图等）开始，到建立模型，再到（参数估计后）进行自相关的假设检验，以上三个问题几乎贯穿空间数据分析的整个过程。图 1-7 描述了空间数据分析的主要流程，其中本书所涉及的环节在图中用高亮标注。

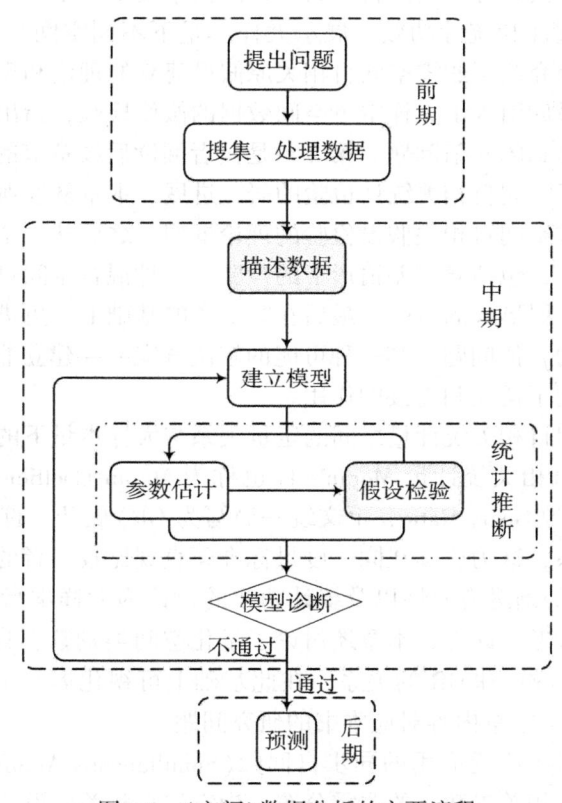

图 1-7　（空间）数据分析的主要流程

1.4　本书的逻辑结构

本章从空间自相关的丰富内涵出发，介绍了空间自相关从"地理学量化革命"到地理空间人工智能时代的发展历程，并从文献计量的角度呈现了空间自相关的研究概况。在此背景下阐述了本书探讨的三个问题：

（1）大样本量下如何选择适当的空间统计量来描述空间数据？

（2）对于空间数据的假设检验，如何建立合理的关于自相关的原假设？并且基于这些原假设的检验统计量的分布如何？

（3）对于假设检验中大样本量下的 p-值问题，空间统计背景下要如何解决？

围绕这三个问题，后续章节的安排如下：

第 2 章为空间自相关理论基础，分为基本方法论和空间自相关统计检验两个部分。其中基本方法论包含了空间自相关的研究和度量对象，空间自相关作为统计量的随机性，几种理论上的平面空间划分（Spatial Configuration）、权重矩阵，经典的全局与局部空间自相关统计量，以及空间自相关作为参数出现的空间回归模型体系。空间自相关统计检验基础中介绍了经典空间自相关统计检验的原模型，从概率论"总体"的角度阐述了自相关统计检验的假设前提，帮助读者理解空间自相关严格的概率模型设定。在此基础上介绍空间自相关统计量的渐进有效性和统计功效，展示大样本量下不同空间自相关统计量的统计特性。非零原假设的部分介绍了非零空间自相关原假设建立的理论和现实背景，为第 5 章的讨论奠定基础。本章最后引入了大样本量空间数据的假设检验，指出了经典空间自相关假设检验在大样本量下遇到的 p-值问题。第 2 章是读者阅读后续章节的基础和准备。

第 3 章系统论述了空间自相关统计检验的研究进展。本章从经典空间自相关统计检验出发，梳理了不同形式空间自相关假设检验的理论框架，之后从三个方面总结了空间自相关统计检验的扩展研究，包括异方差情形下的检验、三种混合空间过程情况下的检验以及空间自相关各种数学扩展形式的检验。最后在第 2 章的基础上，更进一步讨论大样本量下空间自相关假设检验的 p-值问题及其一种可能的解决方案——建立非零原模型。第 3 章为读者阅读后续章节起到了桥梁和连接的作用。

第 4 章探讨了空间自相关统计量之间的定量关系与大样本量下的统计性质。本章的内容围绕经典全局空间自相关统计量 Moran's I（也称为 Moran Coefficient，下文统一简写为 MC）与 Geary's c（也称为 Geary Ratio，下文统一简写为 GR）展开，首先探讨了二者在不同空间划分下的数量关系，这为后续在同一度量标准下直观比较二者的有效性与统计功效奠定了基础。MC 和 GR 的渐进有效性以及统计功效的讨论为大样本量下空间自相关假设检验方法的选取提供了参考。此外，本章还讨论了量化空间类别数据自相关的 Join Count 统计量 WW、BB、BW 与 MC 和 GR 的关系，在此基础上可视化展示了 Join Count 统计量与 GR 统计量的统计功效。本章内容对应本书的研究问题一。

第 5 章以空间统计中广泛应用的同步自回归（Simultaneous AutoRegressive，SAR）模型为例，讨论了其空间自相关参数 ρ 的非零分布，为空间自相关假设检验的原假设设定提供了一种不同的视角：现有的假设检验建立在零原假设 H_0：$\rho_0 = 0$ 的基础之上，这并不符合空间数据的内在特性（地理学第一定律），而非零原模型可以设定原假设的自相关参数为取值范围内的任意值，更加符合空间数据相关性的事实。为了建立非零原模型，本章重点讨论空间自相关参数估计量的抽样分布。本章的内容对应于本书的研究问题二。

第 6 章在前续章节的基础上构造了基于效应量的空间自相关区间假设检验方法，该方法的灵感来源于生物学中的"Biologically Relevant Difference（BRD）"（Parks and Beiko，2010）的概念。BRD 指生物学研究对象之间具有实际生物学意义的差异：仅统计显著性（即 p-值显著）还不足以证明具有生物学意义，效应量达到某个阈值的条件下才指示实际生物学意义上的实质性差异。因此为了中文理解的准确起见，本书并不将"Relevant

Difference"直译为"相关性差异",而意译为"实质性差异"。基于效应量的空间自相关区间假设检验方法可以避免空间数据因样本过大导致微小但统计显著的差异被误判为重要。本章内容对应于本书的研究问题三。

第 7 章为总结与讨论。本书关注的空间自相关统计检验方法及其相关讨论依然属于经典统计的范畴:即在严格假设的基础上根据实际的样本数据推断总体的情况。随着 AI 洪流滚滚而来,越来越多涉及空间数据的研究已经积极采用了机器学习等技术,并且将数据的空间特性巧妙地融入机器学习模型中(Saleem et al.,2024;Hristopulos,2015;Yang et al.,2023b;Jiao and Tao,2025),弥补了机器学习模型关于数据独立性假设的不足,开辟了"空间机器学习"(Credit,2024;Kopczewska,2022)的新道路。因此,本书最后讨论了地理空间人工智能背景下空间自相关新的使命——根据实际的研究问题,将数据的空间结构或者关系融入机器学习流程中的某一个环节或者某几个环节,提高机器学习方法对于空间数据的适用性和可解释性。

第 2 章 空间自相关理论基础

空间自相关理论建立在经典统计框架之下：先对总体进行假设，再由样本进行检验，最后推断总体（拒绝或者接受原假设）。本章内容分为两大部分：第一部分介绍空间自相关的基本概念；第二部分介绍空间自相关统计检验的基础，包括原模型、检验统计量的渐进有效性（Asymptotic Efficiency）和统计功效（Statistical Power）、非零原假设、大样本量下的 p-值谬误等。

2.1 空间自相关的基本概念

本节介绍空间自相关的基本概念，包括度量对象以及以空间面数据作为主要讨论对象的原因、自相关统计量的随机性、空间划分与空间权重矩阵、全局与局部空间自相关及其联系、空间自回归模型等。空间自相关统计量的随机性是讨论其统计性质、对其进行假设检验的基本前提。由于一切自相关的讨论都建立在研究区域的划分以及相邻规则定义的基础上，本书专门开辟出一个小节介绍理论和实际中可能用到的空间划分与权重矩阵的定义方式，还提供了具体到不同空间划分（Spatial Configuration）下权重矩阵构造的 R 语言代码（参见附录 1）。

2.1.1 空间自相关的度量对象

空间自相关度量区域变量的样本观测值在地理空间的聚集程度。这些观测值以不同的形式存在于地理空间中，通常统称为空间数据。从几何属性的角度，空间数据的类型一般包括点、线、面三种形式。本书讨论的对象为空间面数据。空间面数据是指互不重叠的区块所覆盖的研究区域，这些区域可以是规则的格网（如遥感影像数据），也可以是不规则的矢量（如行政区划数据）。当对空间点数据做某些划分（如 Delaunay 三角网划分）后，点数据也可以转化成面数据——实际上，点模式的数据通常被当做面数据来建模，比如人口普查区数据等（Banerjee，2016）。

随着卫星技术和移动传感器技术的飞速发展，以及越来越方便的网络访问，相关领域的研究者们可以根据具体需要获取到丰富的空间数据，其中很大一部分便是面数据。遥感影像数据就是此类数据的一个代表，且对于遥感影像的研究和应用是一个历久弥新的主题（Herold et al.，2008；Li et al.，2011；Li et al.，2013；Tian et al.，2015；Heydari and Mountrakis，2018），例如，利用夜光遥感技术所捕获的灯光亮度信息来评估某地区的经济发展水平为区域经济的研究提供了新的视角（Mellander et al.，2015；Li et al.，2016；Liu et al.，2023a；Andries et al.，2023）。此外，人口/经济数据也是此类数据的代表，将人口和经济统计数据附上地理位置信息来讨论会使得研究更具有现实意义,并且空间计量经济学理论的建立和发展(Paelinck et al., 1979; Anselin, 1988b; Lesage and Kelly Pace, 2009; Griffith and Paelinck, 2011)为此类数据的分析和建模打下了坚实的基础。

考虑到许多情况下点数据可以转换成面数据,而且空间统计方法对于大样本量下的空间数据具有局限性(如 p-值问题),因此本书以大样本量的空间面数据为研究对象。

2.1.2 空间自相关统计量的随机性

空间数据分析的发展稍早于 GIS。在 20 世纪 60 年代第一个地理信息系统诞生之前,最早的、也是一直沿用至今的用于表达空间自相关的统计量 Moran's I(Moran, 1950)和 Geary's c(Geary, 1954)在 50 年代就被提出了,与时间序列的自相关相比,空间自相关将时序自相关由单向的时间维扩展到了多向的空间维。

空间自相关的样本(或数学)表达与研究对象观测值及其空间/地理分布或位置息息相关。如果将分布于地理单元的研究现象看成是一个空间随机过程(Spatial Random or Stochastic Process),那么某次观测或试验得到的一组值就成了这个随机过程的一个空间实现(Spatial Realizations)。不同的空间实现对应于不同的自相关统计量样本值,因此,自相关统计量实际上也是一个随机变量(Random Variable)。具体地,设研究区域有 n 个子单元(Unit),兴趣变量为 X(有时也称为地理属性(Geographical Attribute)),为了表示方便同时又不失代表性,假设研究区域为含有 n 个子单元的规则格网,每个单元可观测得到 X 的值,如图 2-1 所示。在此空间划分(Spatial Configuration)中,定义空间邻接矩阵(Spatial Connectivity Matrix,该矩阵也称为空间权重矩阵(Spatial Weights Matrix))C,其中 c_{ij}($i=1, 2, \cdots, n; j=1, 2, \cdots, n$)为 C 中第 i 行、第 j 列的元素,表示图 2-1 中第 i 个单元格和第 j 个单元格是否相邻①,若相邻则取 $c_{ij}=1$,否则取 $c_{ij}=0$,由此规则可知,C 为 $n \times n$ 的二元对称方阵。空间自相关统计量的值可通过 X 的观测值和邻接矩阵计算得到(具体例子见式(4-1)或式(4-2)),因此它由研究对象观测值及其地理位置共同决定。

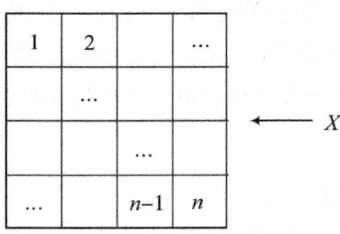

图 2-1 研究区域和兴趣变量示意图

在给定研究区域后,邻接矩阵 C 的形式通常就确定了下来,因此这时自相关的样本值由 X 的实现来决定。进而,对于自相关的理解包含两个方面的内容:一是某组观测值的空间结构(Spatial Structure)或者空间分布(Spatial Distribution),二是兴趣变量在某个结

---

① 关于相邻的规则,后文有详细的说明。

构下的概率分布（Griffith，1987，p13-20）。现对这两方面的内容作简要阐述如下：

- 设 $\{x_1, x_2, \cdots, x_n\}$ 为某组确定的观测值，但是并不知道它们各自所在的具体单元。如果这 n 个值两两不相等，那么所有的排列（Permutation）有 $n!$ 种可能，进而自相关的样本值有 $n!$ 个。如果这 n 个值中有相等的值，不妨设不相等值的个数为 k，$1 \leq k \leq n$，$n_i(i=1, 2, \cdots, k)$ 表示每个不同的值出现的次数，$\sum_{i=1}^{k} n_i = n$，那么对以上 n 个单元，所有可能的排列有 $n!/\prod_{i=1}^{k} n_i!$ 个，进而自相关样本的值有 $n!/\prod_{i=1}^{k} n_i!$ 个。特别地，当 k 取 1 或者 n 时，可能排列数的取值分别为 1 和 $n!$，即若所有值都相同，则只有一个空间分布；若所有值都不相同，则有 $n!$ 种空间分布。

- 当每个单元的 $X_i(i=1, 2, \cdots, n)$ 取值不确定时，假设第 i 个单元的可能取值有 $N_i(i=1, 2, \cdots, n)$ 种，可通过抽取样本来获得对此单元兴趣变量值的估计（如用样本均值来估计总体均值）。设对第 i 个单元抽取 $m_i(1 \leq m_i \leq N_i)$ 个样本，那么此单元的兴趣变量估计值可能有 $N_i^{m_i}$ 种，对于包含 n 个单元的总研究区域来说，不同的取值组合有 $\prod_{i=1}^{n} N_i^{m_i}$ 种，相应地，自相关统计量的值也有 $\prod_{i=1}^{n} N_i^{m_i}$ 个。

自相关统计量的随机性和样本决定性是进行空间自相关假设检验的基础：先对总体做出假设，再由样本构建检验统计量，最后在原假设的模型下计算取得检验统计量样本值的概率（即统计检验的 p-值）从而做出拒绝或者接受原假设的统计决策。需要说明的是，在以上第二个方面的内容中，涉及每个单元格中随机变量 $X_i(i=1, 2, \cdots, n)$ 的概率分布。假设 $X_1, X_2, \cdots, X_n$ 独立同标准正态分布，如果以每个单元的样本均值 $\bar{x}_i(i=1, 2, \cdots, n)$ 为最后取值，那么由中心极限定理（Central Limit Theorem，CLT，独立随机变量之和服从正态分布）可知 $\bar{x}_i(i=1, 2, \cdots, n)$ 服从标准正态分布，进而 $\{\bar{x}_1, \bar{x}_2, \cdots, \bar{x}_n\}$ 的联合分布（Join Distribution）服从多元标准正态分布（Multivariate Standard Normal Distribution）。但在实际应用中，每个单元往往只有一个观测值，如对于某个具有 n 个子单元的研究区域，可得一组观测值 $\{x_1, x_2, \cdots, x_n\}$，根据同分布的假设，这组观测值可以归集为一个单一的标准正态分布（Griffith，1987，p15）。后文对兴趣变量观测值的分布进行的讨论中会用到这个原理。

2.1.3　空间划分与空间权重矩阵

在自相关随机性的介绍中，已经涉及空间划分和空间权重矩阵的概念，下面详细讨论本书对二者的设定以及这些设定对自相关的影响。

1. 空间划分

图 2-2 展示了理论上和实际中常用到的空间划分。其中，规则格网的 Rook 和 Queen 邻接是遥感影像（栅格）数据常用到的划分；六边形划分常被用于空间采样（Chun and Griffith，2013，p24-29）和格网聚合（Grids Aggregation）中，其中格网聚合的一个典型应用场景是离散全球格网系统（Discrete Global Grid System，ISEA3H）（Sahr et al.，2003）。这三种划分是实际

应用当中常常使用的空间划分，其他六种是实际中不常用到甚至不存在的划分。

线性邻接、环状邻接和胎状空间划分邻接是 Cliff 和 Ord 在讨论 MC 和 GR 的统计功效时所用到的(Cliff and Ord，1973，p150)。如图 2-2(a) 所示，在线性邻接中，除了区域两端的子区域只有一个邻居外，其他子区域都有左右两个邻居；环状邻接(图 2-2(d))和胎状邻接(图 2-2(e))分别是线性邻接的二维和三维表达，它们的特点是研究区域中的每个子区域都有相同个数的邻居，如环状邻接中的每个子区域都有两个邻居，而胎状邻接中的每个子区域又根据邻接规则的不同可以有四个(Rook)或者八个(Queen)邻居。

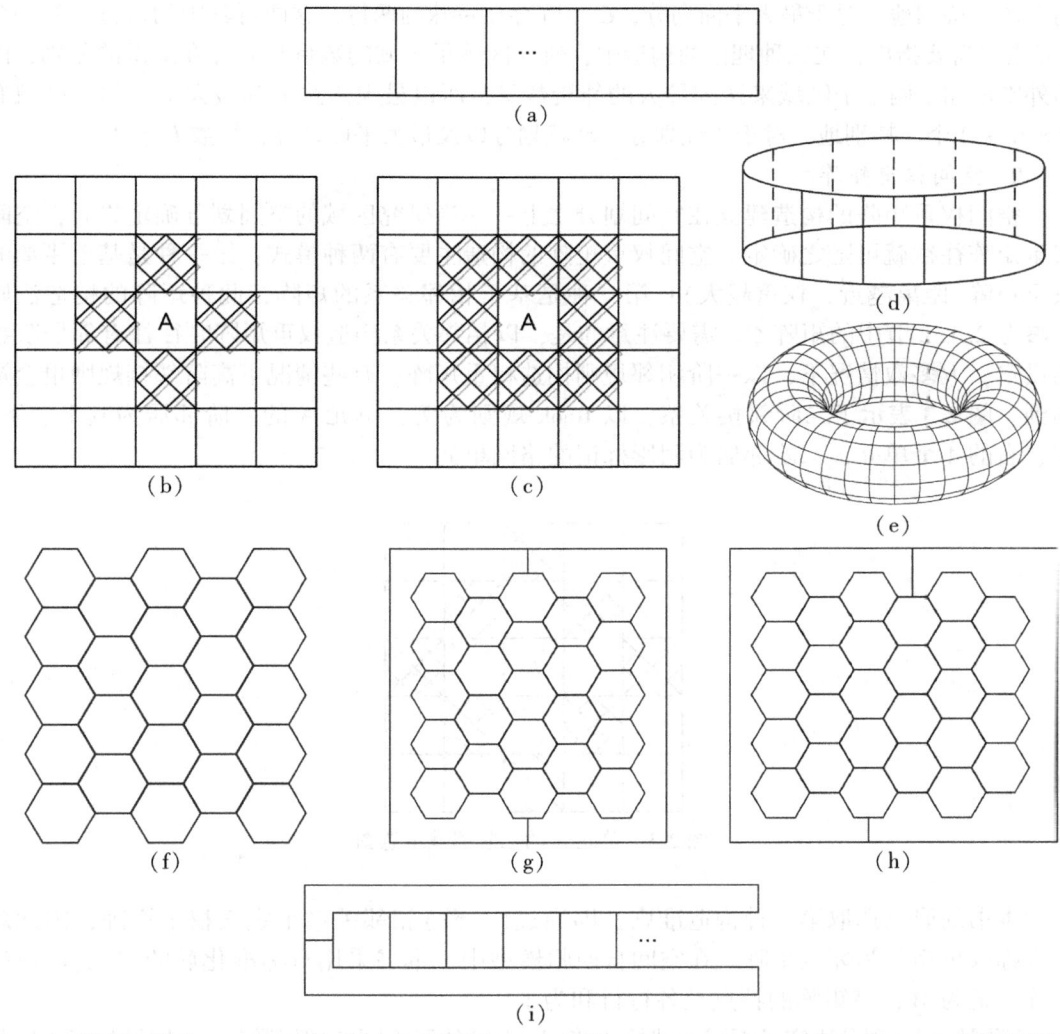

(a) 线性邻接(Linear，L)；(b) 规则格网的 Rook 邻接(Regular Square Rook，SR)；(c) 规则格网的 Queen 邻接(Regular Square Queen，SQ)；(d) 环状邻接(Circle，C)；(e) 胎状邻接(Torus，T)；(f) 六边形邻接(Hexagonal，H)；(g) 奇列数最大六边形邻接(Maximum Hexagonal Odd Q，MH-O)；(h) 偶列数最大六边形邻接(Maximum Hexagonal Even Q，MH-E)；(i) 最大平面邻接(Maximum Planar，MP)

图 2-2　理论和实际中空间划分的例子

剩下的三种是理论构造出来的划分，在现实中几乎是不存在的。其中，最大平面邻接（图 2-2(i)）(Tait and Tobin, 2017) 可以看成是平面图（Planar Graph）(Balakrishnan and Ranganathan, 2012) 的一个实现，这个实现使平面图具有最大数量的边数 $3(n-2)$，其中 n 为平面图中顶点的个数，也是本书中研究区域中子区域的个数。为了辅助对最大平面邻接的理解，本书构造了最大六边形划分，这其中又分两种情况：列数为奇数的划分（图 2-2(g)）和列数为偶数的划分（图 2-2(h)），这里列数用 Q 表示（$n = P \times Q$，P 为行数）。在这三种理论构造中，最外围的两个区域与内部边界的每个子区域都相邻，按照邻接矩阵 C 的构造规则，与外围两个子区域对应的矩阵中的两行，每行 0 元素的个数是内部非边界子区域的个数。特别地，对于最大平面划分，C 矩阵存在特殊的两行，这两行其中的每行只有一个 0 元素。需要指出，在三种理论的构造中，研究区域子区域的数量与 n 存在细微的差别，因为外围增加了两个子区域来达到最大的邻接数量，所以最大六边形和最大平面的子区域有 $P \times Q + 2$ 个。特别地，对于线性划分、环状划分以及最大平面划分，行数 $P = 1$。

2. 空间权重矩阵

空间权重矩阵的构造建立在空间划分之上——当研究区域的空间划分确定之后，空间权重矩阵往往就可随之确定。空间权重矩阵的构造主要有两种模式：第一种是基于距离的权重矩阵（距离越近，权重越大）；第二种是基于相邻关系的矩阵，此种矩阵的构造法则可参考 2.1.2 节中的矩阵 C。需要注意的是，以相邻关系构造权重矩阵时往往有邻居阶数的设定，大多数情况下，以一阶相邻规则构造权重矩阵；有些情况下高阶邻接规则也会被用到。图 2-3 表示了二阶邻接关系，以 Rook 规则为例，单元 A 的一阶邻居为其上、下、左、右的 4 个单元，二阶邻居为阴影标记的格网单元。

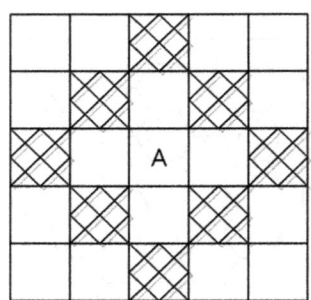

图 2-3　单元 A 的二阶邻域示意图

本书的研究选取第二种构造准则，即通过（一阶）相邻关系来定义权重矩阵，因此后文多称权重矩阵为邻接矩阵。在空间自回归模型中，本书采用行标准化后的二元(0-1)邻接阵，记为 W，该矩阵的特点是各行行和为 1。

不同的空间划分决定了不同的邻接矩阵，因而导致了不同的邻居数目，也即导致了不同的研究区域的子单元中互为邻居的单元对数(Pairs)。在样本量相同时，以二元邻接矩阵 C 为例，表 2-1 列出了在以上九种空间划分下，C 的行和之和 $\sum_{i=1}^{n}\sum_{j=1}^{n} c_{ij}$ 与行和的平方和 $\sum_{i=1}^{n} \left(\sum_{j=1}^{n} c_{ij} \right)^2$。

表 2-1　　　　　　　　　　　　　不同空间划分的邻居数目

空间划分(样本量)	$\sum_{i=1}^{n}\sum_{j=1}^{n}c_{ij}$	$\sum_{i=1}^{n}(\sum_{j=1}^{n}c_{ij})^2$
L($n = 1 \times Q$)	$2(n-1)$	$2(2n-3)$
C($n = 1 \times Q$)	$2n$	$4n$
*T-R($n = P \times Q$)	$4n$	$16n$
*T-Q($n = P \times Q$)	$8n$	$64n$
SR($n = P \times Q$)	$2(2PQ - P - Q)$	$2(8PQ - 7P - 7Q + 4)$
SQ($n = P \times Q$)	$2(4PQ - 3P - 3Q + 2)$	$2(32PQ - 39P - 39Q + 46)$
H($n = P \times Q$)	$2(3PQ - 2P - 2Q + 1)$	$2(18PQ - 20P - 19Q + 19)$
MH-O($n = P \times Q + 2$)	$6PQ$	$2(P^2 + Q^2 + 20PQ - 11P - 10Q + 6)$
MH-E($n = P \times Q + 2$)	$6PQ$	$2(P^2 + Q^2 + 20PQ - 11P - 10Q + 8)$
MP($n = 1 \times Q + 2$)	$6(n-2)$	$2(n^2 + 6n - 22)$

注：*T-R 和 T-Q 分别代表胎状-Rook 邻接和胎状-Queen 邻接。

不同的空间划分除了决定邻居对数目，还可决定矩阵 C 的特征根以及自相关统计量的值。表 2-2 给出了在 100 样本量和 10000 样本量时，不同划分下的矩阵 C 的特征根极值和自相关统计量的极值(以 MC 与 GR 为例)。

对于表 2-2 的样本量，100 和 10000 对应线性、环状、胎状、规则 Rook、规则 Queen 和六边形邻接；102 和 10002 对应最大平面邻接、列数为偶数的最大六边形邻接；112 和 10102 对应列数为奇数的最大六边形邻接。观察表 2-2 可以发现，除去理论上的三种空间划分，对其他划分都有 MC+GR≈1(这里，若 MC 取最大值，则 GR 取对应的最小值；反之，若 MC 取最小值，则 GR 取对应的最大值)——这说明空间各单元的邻居数目较为均匀。

对于理论上的三种划分(列数为奇或为偶最大六边形、最大平面邻接)，尤其是最大平面邻接划分，由于其邻接矩阵中的元素的分布不均衡(大多集中在外围两个单元的行)，对应的 MC 与 GR 的和值不等于 1。矩阵 C 的另外一个特点是其特征根的最大值在 C 的最小行和与最大行和之间。例如线性邻接中，除去两端的单元行和值为 1，其他的单元行和值均为 2，实际上，在样本量为 100 的线性邻接中，邻接矩阵 C 的最大特征值为 1.999，稍稍小于 2，但是当样本量增大到 10000 时，最大特征值也越来越趋近于 2(这里的实际值与 2 的差异微乎其微，因此直接记为 2)。

对于线性、环状、胎状 Rook 和规则格网 Rook，它们特征值的另外一个显著的特点是极值的和为 0。对于 Queen 类的空间划分，其邻接矩阵的最大特征值约为最小特征值绝对值的两倍。对于最大平面邻接，当样本量增大到 10000 的量级时，其特征根的极值出现了比较极端的情况，此时，MC 和 GR 的值也超出了可以接受的范围。但是这种极端的值也

表 2-2 不同空间划分下的矩阵 C 的特征根极值和 MC 与 GR 的极值

n	values	L	C	T-R	T-Q	SR	SQ	H	MH-O	MH-E	MP
100, 102, 112	λ_{max}	1.9990	2	4	8	3.8380	7.5205	5.7115	6.8854	6.8165	15.6413
	λ_{min}	-1.9990	-2	-4	-4	-3.8380	-3.6825	-2.8645	-4.3096	-4.1866	-12.6614
	MC_{max}	1.0082	0.9980	0.9045	0.8568	1.0004	0.9986	1.0231	1.0237	1.0098	0.3393
	MC_{min}	-1.0096	-1	-1	-0.5	-1.0661	-0.5384	-0.5488	-0.7313	-0.7117	-0.4934
	GR_{max}	1.9995	1.98	1.98	1.485	2.1396	1.6660	1.6657	3.1189	3.0089	17.17
	GR_{min}	0.0019	0.0020	0.0945	0.1418	0.0724	0.1111	0.0872	0.0971	0.1016	0.3373
10000, 10002, 10102	λ_{max}	2	2	4	8	3.9981	7.9942	5.9966	15.8901	15.8545	142.9221
	λ_{min}	-2	-2	-4	-4	-3.9981	-3.9961	-2.9983	-13.7855	-13.751	-139.922
	MC_{max}	1.0001	1	0.9990	0.9985	1.0089	1.0133	1.0122	2.5971	2.5910	0.3334
	MC_{min}	-1.0001	-1	-1	-0.5	-1.0096	-0.5071	-0.5066	-2.2980	-2.2922	-0.4999
	GR_{max}	2	1.9998	1.9998	1.4999	2.0195	1.5221	1.5198	20.8639	20.7705	1667.167
	GR_{min}	0	0	0.0010	0.0015	0.0012	0.0018	0.0013	0.0013	0.0013	0.3334

只是出现在特征值的前几个和后几个(特征值按大小排序后,可参考 Luo 等(Luo et al., 2019)的表 6)。

附录 1 给出了线性、环状、规则格网 Rook、胎状 Rook、规则格网 Queen、胎状 Queen、六边形等六种平面划分的邻接矩阵构建的 R 代码。

2.1.4 全局与局部空间自相关

根据研究角度的不同,空间自相关可分为两类:全局空间自相关(Global Spatial Autocorrelation)和局部空间自相关(Local Spatial Autocorrelation)。全局空间自相关的代表性统计量有 Moran's I(Moran,1950)、Geary's c(Geary,1954)等;局部空间自相关的代表性统计量有 local Moran's I(Anselin,1995)、Getis 和 Ord 的 G_i 和 G_i^* 系列统计量(Getis and Ord,1992;Ord and Getis,1995;Getis,1995)等。对于同一个空间研究对象,全局空间自相关的研究范围是整个区域,而局部空间自相关的研究范围是某个子单元及其邻居;在数值上,全部子单元局部自相关强度的线性组合与全局自相关呈比例关系,并且局部自相关的 Moran 散点图上的回归直线的斜率与标准化后的全局空间自相关相等。正是由于全局自相关是局部自相关的"加权和",因此可能存在局部自相关显著,但是全局自相关不显著的情形(显著的局部正的或者负的自相关可能在进行相加的过程中抵消掉,从而出现全局不显著的情况),如图 2-4 所示。

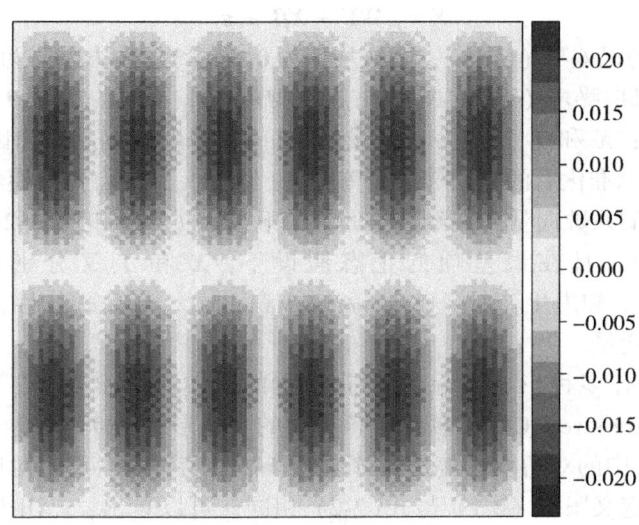

图 2-4 全局自相关不显著、局部自相关显著的空间模式图(MC=0.0078,Rook 邻接规则)

局部空间自相关描绘了空间异质性或异方差性(Heteroskedasticity)。空间异质性包含三个方面的内容:不稳定的或者变化着的兴趣变量的均值、方差以及概率分布。其中,变化的均值可以由回归方程中的自变量来解释;变化的方差可以根据 Oden(Oden,1995)、Waldhor(Waldhor,1996)以及 Jackson 等(Jackson et al.,2010)提供的思路来修正。Griffith 和 Chun 从 SAR 模型自回归参数的不确定性的角度探讨了方差的变化性,他们用了一个 Beta-Beta 分布描述了这种不确定性（Griffith and Chun，2016）。变化的概率分布可由诊断方法来评估（如用分位数（QQ）图来判断是否正态分布）。

本书的研究对象是全局空间自相关。全局空间自相关除了可以用单独的自相关统计量（如 MC 或者 GR）来表示，也可以通过自回归模型来表示。在模型中，全局空间自相关往往通过自相关参数来表达。

2.1.5 空间自回归模型

空间自回归模型的一个经典应用场景是空间计量经济学。空间计量经济学是空间统计发展的一个产物（Griffith，2012），它的一个显著特点是，模型包含不同的自回归成分，例如空间误差模型（Spatial Error Model，SEM）和空间滞后模型（Spatial Lag Model，SLM）。顾名思义，误差模型是假设自相关存在于误差中；滞后模型是假设自相关存在于因变量中（即模型表达式的右边出现因变量邻居的加权和）。空间计量经济学发展至今，空间自回归模型已经演变出了多种形式（古恒宇，揭阳扬，2023）。在空间统计中，空间误差模型和空间滞后模型分别被称为同时自回归（Simultaneous AutoRegressive，SAR）模型和自回归（AutoRegressive，AR）模型，后文分别简称为 SAR 和 AR。以上两个模型的表达如式（2-1）和式（2-2）。

$$\begin{cases} Y = X\beta + e, \\ e = \rho We + \varepsilon. \end{cases} \tag{2-1}$$

$$Y = \rho WY + X\beta + \varepsilon. \tag{2-2}$$

式中，ε 表示独立的误差项（Error），服从均值为 $\mathbf{0}$（向量）、协方差阵为 $\sigma^2 I$ 的多元正态分布（MVN），即随机白噪声（White Noise），$\varepsilon \sim MVN(\mathbf{0}, \sigma^2 I)$，其中 I 为单位阵；e 为含有自相关的误差项；X 和 Y 分别为自变量（Independent Variable）和因变量（Dependent Variable）；W 为行标准化后的空间邻接矩阵（定义见 2.1.3 节）。ρ 为模型的空间自相关参数，β 为自变量 X 的系数向量。在经济学的背景下，式（2-1）和式（2-2）通常称为因果系统（Causal System），且在误差项的正态假设下，X 和 Y 又分别可称为外生变量（Exogenous Variable）和内生变量（Endogenous Variable）。不失一般性，后文中的 X 和 Y 简称为自变量和因变量。

空间回归模型有多种形式，除了以上介绍的 SAR 和 AR 模型，还有条件自回归（Conditional Autoregressive，CAR）模型，该模型的表达形式为 $Y = X\beta + E\Lambda^{-1/2}\varepsilon$，其中，$E\Lambda E^T = I - \rho C$，$\Lambda$ 中的对角线元素是实对称矩阵 C 的特征根，E 是对应特征向量组成的方阵；其他变量的定义跟式（2-1）与式（2-2）相同。可以看出，CAR 模型的自相关也是体现在模型误差中的，与 SAR 相比，CAR 直接用 C 在模型中表示空间结构，且空间自相关影响的范围更小一些（只有 SAR 的一半）（Griffith et al.，1999）。

本书选择 SAR，这是因为 SAR 是空间统计中使用最为广泛的一类模型（Mao and Jain，1992；Beguería and Pueyo，2009；Kissling and Carl，2008；Ver Hoef et al.，2017），且与上文提到的 AR 模型有着紧密的联系。具体表现为，SAR 和 AR 都是二阶模型（而 CAR 是一阶模型），即模型可以反映出"邻居的邻居"关系（参考图 2-3）。另外，SAR 模型也可以写成 CAR 模型（Cliff and Ord，1981；Griffith et al.，1999；Ver Hoef et al.，2018），但是

CAR 模型却不一定能转化为 SAR 模型。

2.2 空间自相关统计检验基础

经典统计学的假设检验流程一般分为三个步骤。第一步，根据实际问题，确定检验统计量，并设立适当的原假设。第二步，根据样本观测数据计算检验统计量的样本值。第三步，根据检验统计量的理论或抽样分布计算检验统计量取到当前样本值的概率，即假设检验的 p-值，并比较 p-值与预先设定的显著性水平，如果 p-值小于该水平，那么称 p-值显著，拒绝原假设，反之则接受原假设。拒绝原假设表明在当前概率分布下只有极小的可能能够观测到当前的样本值（小概率事件）。空间自相关统计检验与经典统计检验的流程一致，以下介绍其原模型、检验统计量的相关大样本性质、非零原模型的思想以及大样本量下的 p-值问题。

2.2.1 空间自相关统计检验的原模型

空间自相关假设检验主要用来探测研究对象是否存在空间分布上的聚集趋势，并且检验统计量数值的大小量化了区域变量观测值在某一个地理范围内的聚集程度。当前的空间自相关假设检验框架以空间自相关检验统计量的值为零作为原假设，即假设研究对象不存在空间聚集的格局，是随机分布在各个地理单元中的。在此假设下，检验统计量总体的经验分布由观测样本值在各个地理单元做若干次（例如 10000 次）随机置换（Random Permutation）得到。遵循此原则，在观测值正态以及随机两种假设下，Cliff 和 Ord 给出了的空间自相关检验统计量 MC 和 GR 的一阶矩和二阶矩，并且验证了它们的渐进正态性（Cliff and Ord，1973；Cliff and Ord，1981）。因此，空间自相关统计检验的原模型包含空间自相关的零假设（即空间自相关值为零）及其总体的正态分布假设。

2.2.2 空间自相关统计量的渐近有效性和统计功效

MC 和 GR 是两个常用的量化空间自相关程度的指标，与经典统计中的描述性统计量（如均值、中位数等）相同，它们也是数据的一种聚合（Aggregation）表达（Stigler，2016）。其中 MC 的范围通常在 $(-1, 1)$ 内，0 表示不存在自相关，即数据的空间分布是随机的，越接近于 1 表示正的自相关（Positive Spatial Autocorrelation）越强，越接近于 -1 表示负的自相关（Negative Spatial Autocorrelation）越强；GR 的范围通常在 $(0, 2)$ 之间，当 GR 为 1 时表示自相关不存在，GR 越接近于 0 表示正的自相关越强，越接近于 2 表示负的自相关越强。其中，正自相关度量了相似值的聚集程度，相似值的聚集可理解为高值周围出现高值、低值周围出现低值；负自相关量化了相异值的聚集程度，即高值周围出现低值，而低值周围出现高值。

从 Cliff 和 Ord 的开创性工作（Cliff and Ord，1973；Cliff and Ord，1981）之后至今的几十年中，研究者们对以上经典统计量的扩展、改进和探究性工作从来没有停歇过。Griffith 给出了二者的关系方程（Griffith，1987，p44）；Tiefelsdorf 和 Boots 推导出了 MC 的精确分布（Tiefelsdorf and Boots，1995），其利用权重矩阵特征根的方法为 Griffith 的 Moran 特征向量空间过滤方法论（Griffith，1996）的提出奠定了基础，后者作为处理模型中自相关的可行性和有效性方法被广泛地应用于地理和其他科学领域（Zhang et al.，2005；Griffith and Peresneto，2006；Chun，2008；Thayn and Simanis，2013；Murakami and Griffith，2019）。Anselin 提出了局部空间自相关指数 LISA（Anselin，1995）并且牵头设计了空间数据分析软件 GeoDa（Anselin et al.，2005），对全局自相关、局部自相关及其在地图上的表现做了很好的可视化，引领了探索性空间数据分析（Exploratory Spatial Data Analysis）的潮流，近年来，LISA 又更新到了多元变量的版本（Anselin，2018）。对于局部空间自相关，Boots 给出了适用于分类型数据（Nominal Data or Categorical Data）的版本（Boots，2003）。Lee 将 Pearson's r 与 MC 结合，给出了二元的自相关系数及其局部版本的表达（Lee，2001）。Chun（2008）、Cheng 等（2012）、Bavaud（2013）以及 de la Mara 和 Llano（2013）讨论了网络结构上的空间自相关问题。在空间推断性分析上，Boots 和 Tiefelsdrof（2000）讨论了全局和局部空间自相关统计量在三种规则空间划分（规则三角形格网、规则方形格网和规则六边形格网）下的表现；Bivand 等（2009）在 R 软件的空间相关性分析包 spdep 中利用鞍点近似的方法实现了 MC 的精确分布，使得统计功效的分析变得更为容易。

以上的研究大多是在中小规模数据量基础上进行的，对于当前大数据背景下的数据分析来说，MC 和 GR 的统计性质有必要在 Cliff 和 Ord 的基础上扩展到大样本量的情况。第 4 章将致力于这些扩展：包括在变量的不同概率分布假设下，从数学上推导 MC 和 GR 的渐近方差，并以此来证明 MC 比 GR 更有效；在以零自相关为原假设的前提下，比较 MC 和 GR 的统计功效，讨论在不同空间划分下二者统计功效的优劣性，并且给出一个功效可视化的方法，使得统计功效的图形化表示更加优美。另外，第 4 章还探讨了 Join Count Statistics（JCS）与以上两个统计量的关系；最后以两个大样本量的实例（一是黄山地区遥感影像的例子，以标准化植被指数差（Normalized Difference Vegetation Index，NDVI）为研究对象；二是以北京郊区怀柔水库的遥感影像作为例子，以有水区和无水区为标准对原始图像二值化，以此来观察 JCS 的表现）来验证得到的结论（在大样本量的情况下，MC 的渐近方差比 GR 更有效）。

上述描述的自相关都是以单个的统计量形式出现的，除此之外，自相关也常常出现在模型误差或者参数中。在进行模型诊断时，检验残差是否存在自相关性以此来确定模型是否合理（可参考图 1-7 的中后期步骤），也是空间数据建模中的一个重要步骤。关于空间回归模型的残差自相关的检验问题可参考 Cliff 和 Ord（1973，p87-104）、Leung 等（2000）、Li 等（2007）、Chen（2016）等的研究。

2.2.3　构造非零原模型

到目前为止的很多文献对自相关统计量的讨论（如前文的统计功效）都是以零自相关的原假设为前提的（Li et al.，2007；López et al.，2010；Robinson and Rossi，2015）。但在现实世界中，空间现象几乎都具有自相关性。例如，某一地区的房价呈正的空间自相关，某一自然生态区的物种分布呈明显的聚集状态，甚至某一个班的考试成绩以学生的座位位置的形式呈显著的分布模式，等等。因此，本书从更现实的角度出发，设置原假设为非零空间自相关，并在此种原假设下，构造空间自相关统计量和参数（以 SAR 模型的空间自相

关参数 ρ 为例)的抽样分布。

对于将非零自相关指标作为原假设的问题，Gotelli 和 Ulrich 给出了生态学角度的提法，他们指出生态学中一个重要的问题是如何针对物种发生数据（Species Occurrence Data）中变化的自相关来构建表现良好的原模型（Null Model）（Gotelli and Ulrich，2012）。将这个表述转化成空间统计的表达即，对于真实世界中的空间数据（例如遥感影像或者社会人口/经济数据等），如何设定合理的原假设使得对各种强度的自相关都可进行检验；不论是对于空间兴趣变量观测值的空间自相关检验，抑或是对于空间模型自相关参数的假设检验，都具有地理学的现实意义。实现这种构思的难点在于在定量描述非零自相关情形下，对应统计量或者参数的波动情况，即随着自相关值变化而变化的自相关方差。解决了这个难点就相当于实现了非零原模型的构造，从而使得任何非零自相关原假设情况下的假设检验都切实可行。

例如，对于 SAR 模型的空间自相关参数 ρ，它可对应于经典统计学中的皮尔逊相关系数（Pearson's r），并且它也是时间序列中的单方向自相关扩展到多方向的情况，因此有必要参考经典统计和时间序列对非零(自)相关检验的处理办法。

实际上，在以上两个学科（统计学和时间序列）中，大多数原假设的设置依然为零（自）相关（Hong and White，2005；Matilla-García and Marín，2008）。对于非零相关系数的假设检验问题，经典统计的做法是利用 Fisher 的 Z-变换来稳定相关系数的方差使其符合近似正态分布（Bewick et al.，2003；Burt et al.，2009；Montgomery et al.，2012），但是这个方法对 r 的极值并不起作用。Provost 给出了 r 的整数阶矩及其概率密度函数的确切表达（Provost，2015），比较好地解决了问题。对于时间序列的自相关，Ames 和 Reiter 利用真实的经济序列数据建立了自相关系数的统计分布，使得原假设可以建立在比零自相关更合理的基础之上（Ames and Reiter，1961），从一个具体的角度给出了解决方案，但是也正是由于它的具体性，该研究的结果不能被广泛应用。另外一篇相关的文献（Lee，2014）侧重于研究非零自相关系数对 Durbin-Watson 检验估计量分布的影响。与时间序列相似，空间统计领域对非零原假设下检验统计量分布的研究较为稀少。最具代表性的一篇文章发表在 1967 年，在这篇文章中，作者证实了 Fisher 的 Z-变换不能使 ρ 的方差稳定，即使推广的 Z-变换也只能对绝对值很小的 ρ 值（比如 $\rho = 0$，± 0.05，± 0.1）起作用（Mead，1967），这也证实了不稳定的 ρ 的方差是建立非零自相关参数统计分布的主要障碍。

针对 ρ 的方差不稳定问题，第 5 章将探讨的 $\hat{\rho}$（表示 ρ 的估计）的方差与 $\hat{\rho}$ 的解析关系，以期为表达自相关参数非零分布提供一种解决方案，并且还将通过蒙特卡罗模拟实验印证给出的关系式。此外，该章还将建立 $\hat{\rho}$ 与 MC 的关系，以此将自相关统计量与 SAR 模型联系起来。第 5 章的内容也包括给出两个案例来对得到的分布进行应用。第一个案例是模拟得到的随机空间分布，即零自相关，以原假设为 $\rho_0 = 0$ 作假设检验；第二个案例是黄山地区遥感影像的数据，选取区域的 NDVI 呈现了高度的空间自相关，以原假设为 $\rho_0 = 0.95$ 作假设检验。该章给出的统计分布不仅可用于大样本量数据，也适用于一般大小样本量的数据。

在大样本量空间数据的自相关假设检验中，依然会遇到统计学中广泛存在的问题——p-值问题，即无论目标检验量与原假设值差异多么微小，总会得出显著的 p-值，从而拒绝原假设。而往往在此种情况下出现的拒绝原假设的结论都是没有实际意义的，因此，下面对空间统计背景下的 p-值问题（也称为 p-值谬误，p-value fallacy）进行描述。

2.2.4 大样本量空间数据的假设检验

临床医学试验方法中已经存在应对 p-值问题的方法——实质性差异检验（Relevant Differences Test）[①]，并且给出自相关统计量/参数在不同强度下的实质性差异阈值，打通以上检验的关键环节，从而避免大样本量自相关假设检验的 p-值谬误。

在许多领域的数据分析中，p-值问题或 p-值谬误也被称为 p-值操纵。在本书中，p-值操纵的概念被用来特指大样本量、强自相关导致的 p-值"总是显著"的现象，简称 p-值问题。以下先通过一个例子来说明一般情况下的 p-值问题，再对 p-值与假设检验作简要介绍，最后总结文献中应对 p-值问题的方法。

- 假设全国 12 岁女孩的身高服从均值为 155cm、标准差为 5cm 的正态分布，现需要知道某地区 12 岁女孩的身高水平是否与全国水平一致，假设该地区女孩身高的标准差为 5cm，均值未知。在该地区随机抽取 100 个样本计算所得平均身高 $\bar{x}$ 为 155.15cm，那么本地区 12 岁女孩的身高是否与全国水平有明显的差异呢？一般来说，0.15cm 的差距并不能说明二者有显著差异，为了从统计上说明这点，现在来检验假设

$$H_0: \mu_0 = 155, \quad H_1: \mu_1 \neq 155.$$

取显著性水平（Significance Level）$\alpha = 0.05$，进行双边假设检验（此时临界点值为 $z_{0.05/2} = 1.96$）。由中心极限定理，在原假设下，$\bar{x} \sim N(155, 25/100)$，

$$z = \frac{\bar{x} - 155}{5/10} = \frac{0.15}{0.5} = 0.3 < 1.96,$$

并且 $P(z > 0.3 \cup z < -0.3) = 2 \times P(z > 0.3) = 0.7642 > \alpha$，所以接受原假设，即该地区 12 岁女孩身高与全国水平没有明显差异。该结论符合人们的认知。

- 和以上同样的情形，如果在该地区增加抽样次数，取到 10000 个样本，计算所得的平均身高依然为 155.15cm，$\bar{x} \sim N(155, 25/10000)$，那么又会出现什么结果呢？此时

$$z = \frac{\bar{x} - 155}{5/100} = \frac{0.15}{0.05} = 3 > 1.96,$$

并且 $P(z > 3 \cup z < -3) = 2 \times P(z > 3) = 0.0027 < \alpha$，拒绝原假设，即该样本说明此地区的女孩身高与全国有明显的差异。但是这个结论并不能令人信服，因为 0.15cm 在实际中并不是一个能让人察觉到的差异，因此建立在这个样本上的假设检验是无意义的。

1. p-值与假设检验

统计推断（Statistical Inference）是统计学的核心内容之一，而假设检验是统计推断的重要组成部分。p-值作为假设检验的一个必要指标，被广泛地应用于实验科学或者工业生产

---

① 这里将 Relevant Difference 意译为"实质性差异"，请参考本书 1.4 节中的相关阐述。

的各个方面。例如，采用新疗法的实验组和采用标准疗法的对照组相比，康复率是否有提升；使用简化工艺生产的某批次产品质量是否合格，等等。在这些检验中，往往都将通过样本计算所得的 p-值与一个预先设定的显著性水平 α 相比较，如果样本 p-值小于 α，那么就得到显著的结果，从而拒绝原假设。在以上的例子中，拒绝原假设表示使用新疗法对康复率的提升有积极作用，以及使用简化工艺生产的产品不合格。

假设检验的诞生离不开三位统计学家的工作。首先，截至 1925 年，Fisher 给出了点估计（Point Estimation）、一致性（Consistancy）、有效性（Efficiency）、充分性（Sufficiency）、随机化（Randomization）的理论以及极大似然估计法（Maximum Likelihood Estimation, MLE），为假设检验奠定了基础；到 1928 年，Neyman 和 Pearson 提出了第一类错误（Type I error）、第二类错误（Type II error）和显著性（Significance）的概念，至此，假设检验的基本元素已齐备（Kirk，1996）。目前用到的假设检验方法实际上更契合 Neyman 和 Pearson 的理论，即设定原假设和备择假设，规定犯第一类错误和第二类错误的概率，从而使检验的优劣性有了判断的准则。而 Fisher 的方法中不包含备择假设的选项，因而也就缺少了检验的优劣比较标准，Fisher 的方法确切地被称为显著性检验。关于以上提到的两种检验的思想方法，陈希孺等（陈希孺，倪国熙，2009）编著的数理统计教材上有详细的介绍，这里不再赘述。

p-值自从诞生之日起就引起了学界的广泛争论，它被统计学家广为诟病的方面包括：并没有告诉研究者们真正想知道的（如果记 D 为真实观测到的事件，那么统计显著性的 p-值是 $P(D|H_0)$，即在原假设为真的前提下，事件 D 发生的概率。但是实际上，人们希望知道的是 $P(H_0|D)$，即事件 D 发生时，原假设发生的概率）；将不确定性的问题转变成了 "拒绝-接受" 的二分问题（Kirk，1996）。

在这些缺点之外，很多学术研究都过于突出了 p-值的重要性，如学者们都期望通过显著的 p-值来证明他们提出的新方法的有效性。因此美国统计学家协会（American Statistical Association, ASA）在 2016 年强调了对 p-值的正确理解和规范使用的必要性（Wasserstein and Lazar, 2016）。在 ASA 的声明中，有一点为 "不应该只依据显著的 p-值来给出科学的结论，抑或政策以及商业上的决策"。依据此条申明，在以上提及的大样本量假设检验总是出现显著 p-值的问题中，仅仅凭借小于显著性水平的 p-值而拒绝原假设是不恰当的。

各个学科进行数据分析的目的是确定观测到的现象/数据是否支持科学或者模型假设（如 $P(H_0|D)$），并且数据是否具有实际显著性（Practical Significance）（Kirk，1996）或者实质显著性（Substantive Significance）抑或科学显著性（Scientific Significance）（后文不加区别地使用 "实际显著性"）。相较于统计显著性（Statistical Significance），实际显著性具有更现实的意义，它强调两个比较对象之间的差异是否在实际场景中不可忽略（Matheson, 2008）。以上文 12 岁女孩身高为例，样本均值 155.15cm 和总体均值 155cm 相差 0.15cm，这是在一般情况下可以忽略的身高差异，所以说该地区女孩的平均身高与全国女孩的身高水平没有明显差异。在研究中，学者们通常使用效应量（Effect Size）来度量实际显著性，效应量是反映（施加的）某种影响程度大小的统计量，代表了变量之间的差异程度，在对真实数据进行的研究中，研究者需要同时给出统计显著性和效应量的计算结果（Aarts et al., 2014）。

2. 效应量

作为元分析①(Meta-Analysis)的一个重要部分,效应量的概念和有关的统计量最早由统计学家和心理学家 Cohen 给出(Cohen,1988;Cohen,1992)。需要说明的是,效应量并不是 Cohen 构造的新的统计量,统计学中的许多经典统计量中都直接或者间接表示着效应量,例如皮尔逊相关系数 r 就是一个度量相关性的效应量(Ialongo,2016)。依此类推,空间自相关统计量(如 Moran's I 和 Geary's c 等)也可看成是度量空间变量自相关性的效应量。Kirk 和 Ialongo 等学者对效应量的形式做了比较详尽的归纳,并且也给出代表性效应量的计算方法和应用场景(Kirk,2013)。一般情况下,效应量可以分为两类:描述组间差异的效应量和描述相关性的效应量(Sullivan and Feinn,2012)。描述组间差异的效应量代表性指标包括 Cohen's d、比值比或优势比(Odds Ratio,OR)(Szumilas,2010)、风险比(Relative Risk Ratio or Risk Ratio,RR)(Porta,2014)等;描述相关性的效应量的代表性指标包括皮尔逊相关系数 r、决定系数(Coefficient of Determination)R^2。Sullivan 和 Feinn 中的表 1 给出了以上效应量的强度范围(Sullivan and Feinn,2012)。

对于大样本量假设检验问题中 p-值总是显著的问题,效应量法是一种广泛使用的方法。在一个假设检验问题中,p-值可以看作是用来判断是否有差异的工具,而效应量可看作是用来量化差异程度的工具。如果基于大样本量的研究得到显著的 p-值,但是并没有得到显著的效应量时,那么就出现了所谓的大样本谬论(Lantz,2013)。因此,一个完善的统计结果报告中需要同时出现 p-值和效应量。

第 6 章应用的实质性差异检验(Wellek,2010)实际上也可归为效应量的思想。该检验通过设定实质性差异阈值来对实验组和对照组进行是否有差异的检验,与常规假设检验相比,该检验通过将原假设的关于总体的某个统计量限定在一个区间内(而不是与具体的某个值相等)从而扩宽了检验统计量接受域的范围,达到了避免出现 p-值问题的目的。利用实质性差异检验的关键是确定实质性差异阈值,第 6 章将给出此问题的解决方案。

对于大样本量假设检验问题中 p-值总是显著的问题,另外一个可能的解决方案是抽样(或采样,以下对于"抽样"或者"采样"不加区别),即通过减小样本量来使结果得到改善。在抽象意义上,采样的对象有两种,一种是有限总体(Population),一种是超总体(Superpopulation)。超总体是无限的,可以生成总体(Wang et al.,2012);即超总体是一个随机过程,而总体是随机过程的一个实现。根据实施对象的不同,采样可以分为基于设计的采样(Design-Based Sampling)和基于模型的采样(Model-Based Sampling):基于设计的采样对象是总体,是随机采样,即采样前已知采样概率;基于模型采样的对象是超总体,是非随机采样,即采样前不知道采样概率,而要先假定一个统计模型,根据对模型误差的分布假设来对目标变量引入随机性(Sterba,2009)。以下只讨论空间情形下的抽样。

3. 空间抽样

与传统的抽样方法相同,空间抽样也可分为简单随机抽样、系统抽样、分层抽样、聚类抽样等,并且抽样的目的是得到无偏估计量和最小方差(Wang et al.,2012),只不过抽样的过程是在研究区域(通常是地图)上进行的。对于空间数据,采样时需要考虑采样对

---

① 对具备特定条件的、同研究主题/课题的诸多研究结果进行综合的一类统计方法。

象的空间自相关性、异质性。"有效样本量"(Griffith, 2005)是将空间自相关的影响纳入采样设计的一个产物，对于很多空间数据，由于自相关的存在(自相关也意味着信息冗余)，其实际上能够表达全体信息的样本数量往往只占了总体数量的很小一部分，这"一小部分"的样本个数即为"有效样本量"，它代表了空间数据中独立样本的个数。

对于处理自相关性和异质性的具体采样设计，以王劲峰为代表的学者做了系统性的工作(Wang et al., 2002; Wang et al., 2010a; Wang et al., 2016; 王劲峰等, 2009)，总结起来为"空间三明治采样体系"(以下简称"三明治采样")。三明治采样的实质是将采样的过程分为三步：第一步是明确采样的单元(比如在一个省级行政区域内，以县级市作为采样单元)，即报告层；第二步是划分采样区域，这个划分根据空间变量的分布特征来进行，消除空间异质性，得到知识层；第三步是利用需要的样本量和分层采样的规则将样本分配到每个采样区域，得到抽样层。这三步实际上是一个交互的过程，抽样层是采样方案的具体设计(需要多少个样本，如何给不同的区域分配样本)，最终的落实是在知识层(即每个采样区域采集了多少个样本，在哪里采集的)，在知识层计算出需要的统计量后再将这些结果"传递"给报告层的对应位置，从而达到减小采样成本的目的。三明治采样有效处理了空间异质性的问题，但是样本量的计算依然采用的是传统方法(比如依据抽样精度来计算)，没有有效利用空间自相关的信息，因此最终采得的样本可能依然具有冗余信息。

本书采用效应量的方法来解决 p-值问题。因为在空间自相关存在的大样本量数据中，即使通过采样获得了代表性样本，该样本的数量可能依然庞大，大到足以引起 p-值问题。

2.3 本章小结

本章首先介绍了空间自相关的一些基本概念，包括空间面数据、空间自相关统计量的随机性、空间划分以及空间权重矩阵、全局与局部空间自相关以及空间自回归模型。并且说明了本书所采用的空间划分和定权规则(指权重矩阵的定义规则)，指出了研究的对象(空间面数据)和角度(全局空间自相关、SAR 模型自相关参数)，为读者阅读后续章节提供了必要的基础准备。本章后半部分的内容(第 2.2.2 节~第 2.2.4 节)对应第 1 章中提出的三个研究问题，旨在介绍空间自相关统计量大样本性质、非零原假设、空间自相关假设检验 p-值问题的相关背景及基本方法论。在将这三部分的内容进行具体的讨论前，第 3 章先系统总结空间自相关统计检验的研究现状。

第3章 空间自相关统计检验研究进展

自相关是时间序列和随机过程①的基本概念之一，其延伸到地理领域则为大家所熟知的空间自相关，指在相应研究区域内空间变量在邻近区域呈现出相似聚集或者相异分布的现象。空间变量(或区域变量、地理变量)值"相似"或者"相异"的聚集特征分别对应"正"和"负"的空间自相关，而 Tobler 博士所提出的地理学第一定律（Tobler，1970）就是对空间自相关特征的直观定性表述。在现实世界中，空间自相关现象非常普遍，例如某区房价上涨带动周边房价上涨体现的是空间正相关，某些中心城市"虹吸效应"而导致城市 GDP 分布呈现空间负相关（Zhou and Zhang，2021）。

20 世纪 50 年代早期，统计学家们相继提出了空间自相关统计量以及包含空间自相关参数的空间自回归模型（Moran，1950；Geary，1954；Whittle，1954）。而"空间自相关"作为一个名词开始广泛地被空间分析学者所使用得益于地理学家 Cliff 和统计学家 Ord 于 1969 年发表的区域科学会议论文 "*The Problem of Spatial Autocorrelation*"（Cliff and Ord，1969），该文指出了 Moran 和 Geary 统计量（Moran，1950；Geary，1954）的"拓扑不变性"问题，为"地理学量化革命"添上了重要一笔（Haining，2009a），对空间计量经济学（Paelinck et al.，1979）、空间流行病学（Richardson and Guihenneuc-Jouyaux，2009）、生态学（Fortin and Dale，2009；Sokal and Oden，1978a；Sokal and Oden，1978b）以及 GIS（Goodchild，2009b）等相关学科的发展产生了深远的影响。20 世纪 70 至 80 年代，Cliff 和 Ord 在 Moran 和 Geary 工作的基础上提出了 Moran's I(Moran Coefficient，MC) 和 Geary's c (Geary Ratio，GR) 的分布理论(Cliff and Ord，1973；Cliff and Ord，1981)，为空间自相关的统计推断奠定了基础。不仅如此，MC 和 GR 理论也奠定了新兴分支学科——空间统计学定量分析的基础，强有力地支撑了 GIS 空间分析技术的发展，推动了 GIS 从技术系统向地理信息科学学科领域的转变（Goodchild，1992；Goodchild，2009a）。

随着地理学与其他学科在应用领域的融合发展，空间自相关理论被深度嵌入 GIS 软件平台，并在生态学（Epperson，1993；Sokal et al.，1998；Legendre et al.，2004；Borcard et al.，2018；Legendre，1993）、公共卫生（Rezaeian et al.，2007；Li et al.，2017；Gebreab，2018；Auchincloss et al.，2012；Wang et al.，2010c；Chen and Ansong，2019；Daw et al.，2019；Zhang et al.，2019）和计量经济学（Paelinck et al.，1979；Anselin，1988b；Lesage and Pace，2009）等领域得到了深入的发展和广泛的应用。而在不同领域或场景下，研究者对空间自相关技术有着不同角度的理解。例如，在地理学视角下 Goodchild 强调了

---

① 随机过程中的自相关是以自相关函数的形式定义的，即随机过程 $X(t)$ 在两个不同时刻 t_1，$t_2 \in T$ 的随机变量 $X(t_1)$ 和 $X(t_2)$ 之间的二阶混合原点矩。

空间自相关是地理数据的根本特点，而 GIS 是认识和利用空间自相关的平台和工具（Goodchild，2009b）；在生态学领域，Fortin 和 Dale 将空间自相关理解为空间模式（或空间格局），即环境对物种的长期影响而形成的物种空间分布特征（Fortin and Dale，2005）；在流行病学研究过程中，空间自相关被理解为传染病的空间聚集（Zhang et al.，2014；Elliott and Wartenberg，2004）；而在空间计量经济学领域，通常用空间自回归模型来描述空间溢出效应（Ezcurra and Rios，2015）。

虽然不同领域对空间自相关有着不同的理解，但是在实际应用过程中，研究者都需要对其研究的对象进行空间自相关的统计检验（或假设检验）。空间自相关统计检验通常根据统计学 p-值来判断空间变量是否具有显著的空间分布特征。此过程包含三个方面的重要内容。第一，设定原模型（Null Model），该原模型包括原假设及原假设下目标统计量的分布；第二，根据观测值计算或者估计目标统计量的样本值；第三，在原模型框架下判断目标统计量的样本值与原假设设定值是否有显著差异，从而做出统计决策。

本章从空间自相关的统计基础出发，首先从全局（单个变量以及回归模型）和局部角度总结空间自相关假设检验的奠基性工作。其次讨论空间自相关统计检验的拓展性工作，包括异方差条件下的空间自相关检验、混合空间过程的空间自相关检验，以及具有空间自相关的变量（以下称为空间变量或者区域变量）之间的相关性检验。然后探讨空间自相关假设检验的 p-值谬误与非零原模型设定问题。最后进行总结与讨论。

3.1 经典空间自相关统计检验

3.1.1 单变量空间自相关统计检验

目前，广泛使用的依然是 Cliff 和 Ord 提出的关于 MC（Moran，1950）和 GR（Geary，1954）的空间自相关统计检验框架（Cliff and Ord，1973；Cliff and Ord，1981），即以空间变量不存在空间自相关为原假设[①]，在此原假设下，以上统计量近似服从正态分布[②]。然后，计算 MC 或 GR 统计量的样本值。最后进行统计决策，即根据 p-值判断是接受还是拒绝原假设：如果拒绝原假设，那么表明研究对象存在空间聚集的情况；如果接受原假设，那么说明研究对象在空间上的分布是随机的。对于小样本量等利用正态分布无法达到很好近似的情况，Cliff 和 Ord 给出了随机置换（Random Permutation）的方法来得到目标统计量的经验分布（Empirical Distribution），从而进行空间自相关的假设检验（Cliff and Ord，1981，p54）。该统计检验的框架如图 3-1 所示。

---

① 原假设也可以表述为变量在空间随机分布，该表述同样适用于下文全局和局部空间自相关的原假设表述。

② Cliff 和 Ord（1981，§2.4，p46-53，即文献[13]）证明了统计量 I 和 c 近似服从正态分布。需要注意的是，Cliff 和 Ord（1973，1981）将 I 和 c 称为检验统计量，事实上，最终是以二者的标准化统计量 Z（及其对应的 p-值）来进行统计决策的。

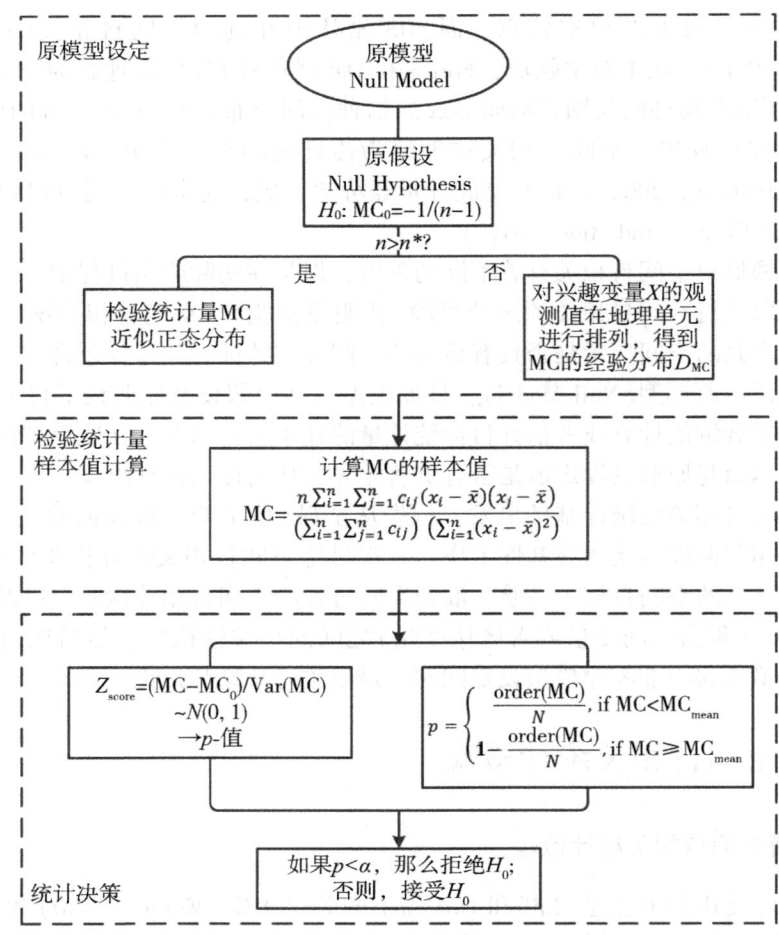

图 3-1 单变量的空间自相关统计检验理论框架图——以 MC 检验为例

(图中，order(MC)为 MC 样本值在 D_{MC} 中的序号(由小到大)，N 为对观测值在研究区域进行置换或排列的次数，MC_{mean} 为 D_{MC} 的均值；上图右边为单边检验的 p-值，若为双边检验，则以上 p-值需乘以 2；n^* 为可利用正态分布的最小样本量，在不同的空间划分设定下，Luo 等(Luo et al., 2017)对 n^* 的取值进行了讨论)

3.1.2 回归模型的空间自相关统计检验

以上小节讨论了单变量的空间自相关统计检验，事实上，空间自相关和空间异质性(统称空间效应)对回归模型的统计推断也有不可忽视的影响(Anselin and Griffith, 1988)，因此回归模型的空间自相关检验也是空间自相关理论研究的重要组成部分。根据模型中是否出现空间自相关参数，回归模型可分为两种：一般线性回归模型与空间回归模型。回归模型的空间自相关假设检验与模型的参数估计紧密联系在一起。对于一般线性回归模型，常常在普通最小二乘(Ordinary Least Square, OLS)估计基础上利用 MC 检验残差是否具有显著的空间自相关。因此，Cliff 和 Ord 给出了 MC 的回归模型残差的二次型表示形式

(Cliff and Ord, 1972)。

空间回归模型的形式由空间自相关参数在模型中出现的位置决定, 空间自相关参数可以(同时)出现在误差滞后项、因变量滞后项、自变量滞后项中。Anselin 给出了空间回归模型的一般形式(式(3-1), 当 $\alpha = 0$ 时, $\omega_{ii} = \omega_{jj} = \sigma^2$), (Anselin, 1988b, 1988, p34)以下称为混合空间自回归模型。空间回归模型的空间自相关参数的假设检验通常建立在极大似然估计(Maximum Likelihood Estimator, MLE)的基础之上 (Anselin, 1988b)。

$$Y = \rho W_1 Y + X\beta + \varepsilon,$$
$$\varepsilon = \lambda W_2 \varepsilon + \mu, \quad (3\text{-}1)$$
$$\mu \sim N(0, \Omega), \Omega = \mathrm{diag}(\omega_{ii}), \omega_{ii} = h_i(z\alpha), h_i > 0.$$

对式(3-1)中空间自相关参数 ρ 和 λ 显著性的检验方法通常有三种: Wald 检验、似然比(Likelihood Ratio, LR)检验以及拉格朗日乘数(Larange Multiplier, LM)检验 (Anselin, 1988b)。Wald、LR 以及 LM 检验在 20 世纪 70 至 80 年代得到了广泛和深入的研究 (Cliff and Ord, 1973; Cliff and Ord, 1981; Brandsma and Ketellapper, 1979; Burridge, 1980; Burridge, 1981), 相较于 LR 和 LM 检验, 针对不同大小的样本量, Wald 检验都具有更高的统计功效(Statistical Power)(Egger et al., 2009); 而 LM 检验与 MC 检验具有密切的联系——二者的检验统计量有类似的残差二次型表示, 因此二者是等价的 (Burridge, 1980)。空间自相关在回归模型中的检验在实证分析中往往是模型选择的问题, 图 3-2 展示了(空间)回归模型自相关假设检验的一般思路与流程: 如果仅 ρ 显著, 那么选用空间滞后模型(Spatial Lag Model, SLM); 如果仅 λ 显著, 那么选用空间误差模型(Spatial Error Model, SEM); 如果两者都显著, 那么选用混合空间自回归模型。

值得注意的是, 空间杜宾模型(Spatial Durbin Model, SDM, 式(3-2))(Anselin, 1988b)中的空间自相关参数依然采用 Wald、LR 以及 LM 检验, 但是原假设的形式不同于图 3-2 中的原假设。SDM 的空间自相关参数成分共同出现在原假设中, 即 $H_0: \lambda\beta + \gamma = 0$ (Anselin, 1988, p227-228)(Anselin, 1988b)。

$$Y = \lambda WY + X\beta + WX\gamma + \mu. \quad (3\text{-}2)$$

3.1.3 局部空间自相关统计检验

空间数据除了具有自相关的特性, 同时也具有异质性, 即空间变量(的同一属性)在空间呈现的变化可能并不稳定。目前广泛采用的刻画异质性的经典方法是 Getis 和 Ord 的 G 系列指标(包括 G_i 与 G_i^*)(Getis and Ord, 1992; Ord and Getis, 1995)以及 Anselin 的空间相关局部指标(Local Indicator of Spatial Association, LISA)(Anselin, 1995)。另外, 空间扫描统计(Scan Statistic)(Kulldorff and Nagarwalla, 1995; Kulldorff, 1997; Rogerson, 2001; Rogerson and Wang, 2013)也是一类常用的探测空间变量局部聚集性的方法。其他面向空间异质性的建模分析方法还包括空间三明治抽样(Spatial Sandwich Sampling)(Wang et al., 2002; Wang et al., 2013)、地理探测器(GeoDector)(Wang et al., 2010b; Wang et al., 2016)以及地理加权回归(Geographically Weighted Regression, GWR)(Fotheringham et al., 2002; Lu et al., 2018)等方法。由于本书聚焦空间自相关的统计检验, 因此对于分析异质性的方法, 本章只讨论以上三类局部空间自相关指标。

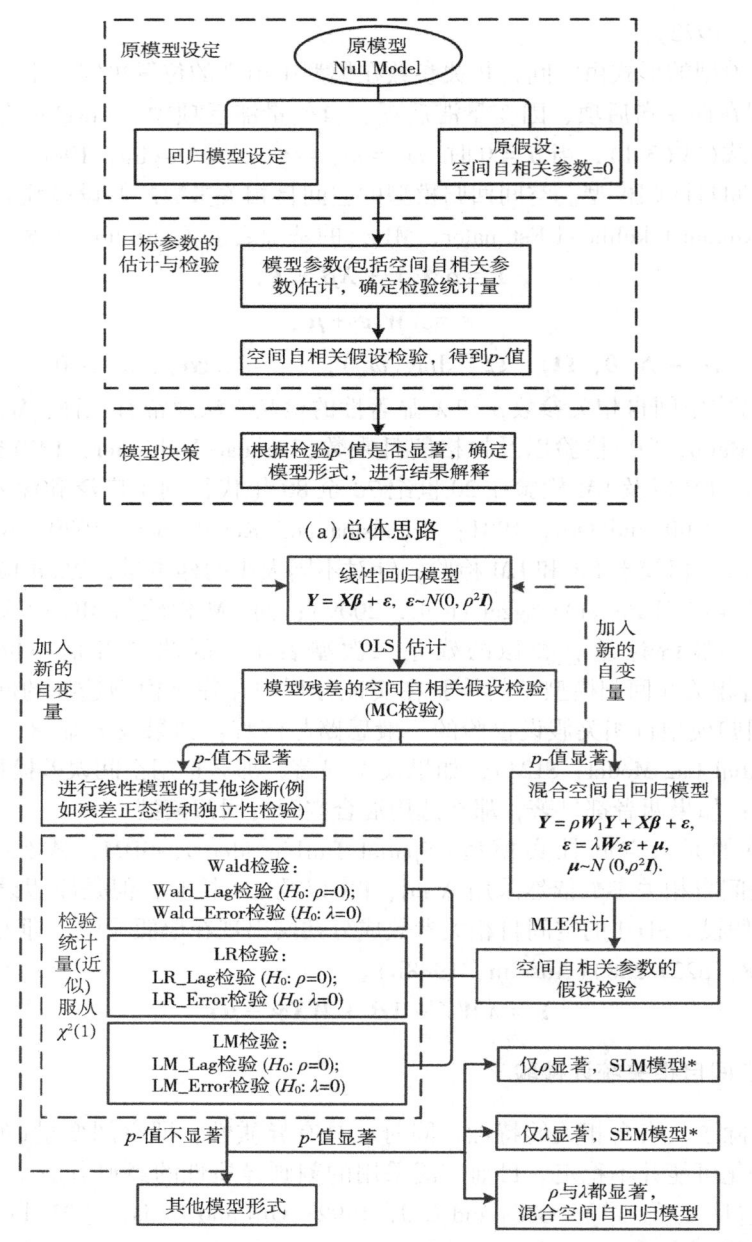

图 3-2 回归模型的空间自相关假设检验思路

在不存在全局自相关的前提假设下，以局部空间自相关不存在（或者不存在空间局部聚集）为原假设，G 系列指标以及 LISA 局部自相关指标的统计分布可由正态分布来近似。但是，当出现样本量小或者局部距离范围小等情况时，局部自相关检验统计量的正态性并不能保证，因此，Getis 和 Ord（Getis and Ord，1992；Ord and Getis，1995，p190-191，p289）以及 Anselin（Anselin，1995，p96）沿用了 Cliff 和 Ord 的研究思路（Cliff and Ord，

1973；Cliff and Ord，1981），均采用了随机置换的方法来得到局部空间自相关统计量的经验分布从而进行统计推断。而空间扫描统计方法通过建立似然比检验统计量及其分布来对是否存在局部空间自相关进行假设检验，这种方法通常假定空间变量的观测值为正态分布，从而构造似然函数。Rogerson 等（Rogerson，2001；Rogerson and Wang，2013）对扫描统计适用于规则格网的空间划分做了深入的研究工作，通过对区域变量观测值进行不同的赋权策略（例如使用高斯核平滑，或者引入"过滤矩阵"）从而达到简化临界值计算的目的。局部空间自相关假设检验的基础框架如图 3-3 所示，局部空间自相关描述了空间变量在不同子区域的聚集情况（高-高、低-低、高-低），可以体现区域变量在空间分布的不均衡性，因此相较于全局空间自相关包含了更为丰富的信息。

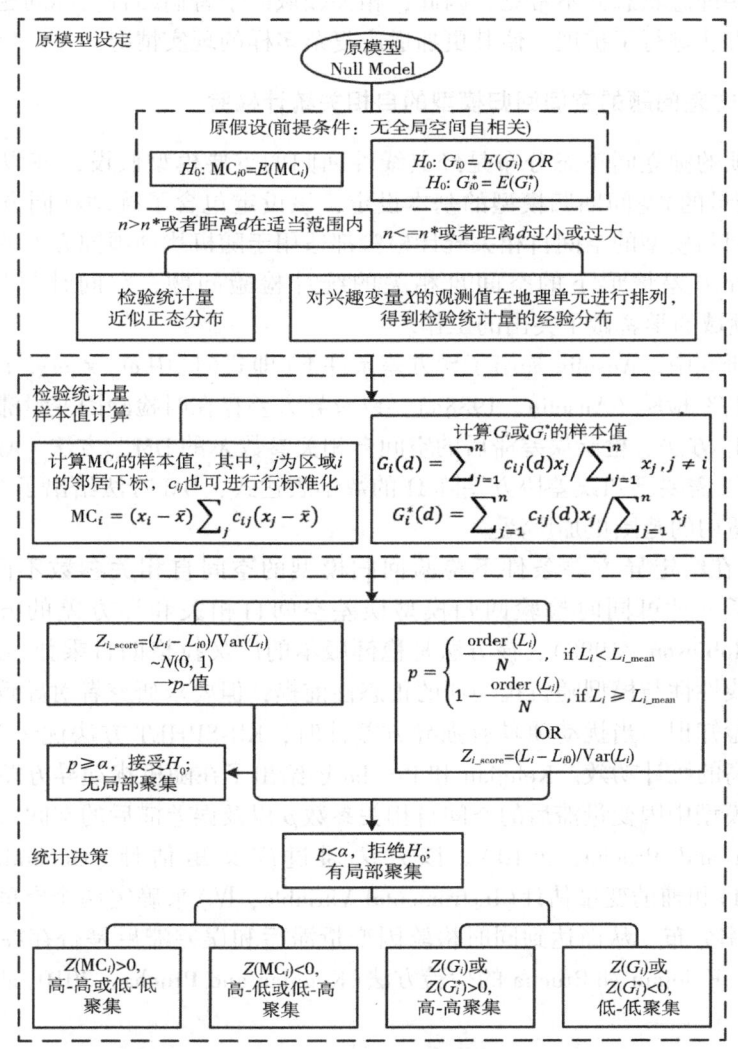

图 3-3 局部空间自相关统计检验理论框架图——以局部莫兰指数和 G_i 与 G_i^* 为例（其中，d 为预先设定的距离，在此距离范围内区域间视为相邻；L_i 表示区域的局部相关值，这里表示 MC_i、G_i 以及 G_i^*）

以上总结了几种经典的空间自相关统计检验，随着空间数据越来越多样化，研究者所面临的问题也越来越复杂，因此空间自相关的统计检验也出现了不同方面的扩展研究。下面就其中的几个主要的方面进行讨论。

3.2 空间自相关统计检验拓展研究

与建立在随机变量分布假设基础之上的其他统计推断方法类似，经典的空间自相关假设检验方法同样局限于较为理想的情况，例如空间回归模型的随机扰动①（Random Disturbance）具有同方差性（Homoskedasticity），生成数据的空间过程较为单一等。而在实际研究中，这些理想状态并不常见，因此，相关领域的学者们结合实际问题对经典空间自相关假设检验方法进行了扩展，使其更加适应复杂多样的现实情况。

3.2.1 考虑异方差问题的空间回归模型的自相关统计检验

随机扰动项的独立同正态分布是经典线性回归的重要模型假设，该假设也是大多数（针对连续型变量的）空间回归模型的基本设定，该设定包含了扰动项同方差的假设，以上讨论的关于回归模型的空间自相关统计检验都适用于随机扰动项同方差的情况。对于回归模型扰动项异方差情形下的空间自相关的统计检验问题，空间计量经济学（Spatial Econometrics）领域的学者做了突出的工作。

在早期的研究中，Anselin 提出了异方差条件下（即式（1）中 $\omega_{ii} \neq \omega_{jj}, i \neq j$）的残差空间自相关的 LM_A② 检验（Anselin, 1988a），以及异方差存在时检验因变量滞后的空间自相关参数 ρ 的 DM_{IV} 方法、检验误差滞后的空间自相关参数 λ 的 DM_{NIV} 方法（Anselin, 1990）。相较于 LM_A 方法需要已知误差协方差阵 Ω 的数学表达式，DM 方法给出了 Ω 的稳健估计，因此 DM 方法适用的范围更加广泛。

与 Anselin 在给定异方差条件下检验回归模型的空间自相关参数不同，Kelejian 和 Robinson 设计了一种可同时检验回归模型误差空间自相关和异方差的方法 KR-SPHET（Kelejian and Robinson, 1998），该方法是稳健版本的广义拉格朗日乘数（GLM）检验，它不要求模型的线性性与模型随机扰动项的正态性前提，但要求研究者对导致异方差的变量具有一定的先验知识。当扰动项具有强异方差性时，KR-SPHET 方法优于 MC 检验和 LM 检验，具有更高的统计功效。Kelejian 和 Prucha 还给出了在随机扰动异方差存在时，同时检验空间回归模型中因变量滞后的空间自相关参数 ρ 以及误差滞后的空间自相关参数 λ 的方法（Kelejian and Prucha, 2010）。该方法通过广义矩估计（Generalized Method of Moments, GMM）和辅助变量估计（Instrumental Variable, Ⅳ）来确定两个空间自相关参数 ρ 和 λ 的联合概率分布，从而达到同时检验因变量滞后和误差滞后是否存在的目的。相较于之前的方法，Kelejian 和 Prucha 的检验方法（Kelejian and Prucha, 2010）适用于更普遍的

---

① 空间回归模型的扰动项如式（3.1）中的 μ。一般线性回归的随机扰动项即通常意义上的误差项，而空间误差滞后模型中的误差如式（3.1）中的 ε。

② 为了表示和一般 LM 方法的区别，这里用 LM_A 表示针对异方差问题的 LM 方法，下同。

情形。

基于 MLE 的空间自相关检验方法与基于 GMM 的空间自相关检验方法各有优缺点。基于 MLE 的检验法涉及空间自相关参数估计过程中的高阶矩阵的逆运算及其特征值计算，因此，对于大范围细粒度的研究区域(样本量大)，利用基于 MLE 的检验方法需要解决计算效率的问题。虽然空间统计学界关于该问题有诸多的研究成果（Griffith，1992；Griffith and Akio，1995；Griffith，2000a；Griffith，2004b；Griffith，2015a；Griffith，2015b），但是在不规则的空间划分下如何提高基于 MLE 方法检验的计算效率还需要进行进一步的研究。相较于基于 MLE 的检验，基于 GMM 的检验在计算上更容易实现，并且模型假设条件也更为宽松(例如不要求误差项的正态性)，当一阶误差滞后的空间回归模型更为符合数据生成过程时，即使对于小样本的情况，也优先推荐基于 GMM 的检验方法（Egger et al.，2009）。但是除一阶误差滞后的空间回归模型外，基于 GMM 的检验在其他空间回归模型以及小样本情况下的统计效率(Efficiency)和功效(Power)要逊于基于 MLE 的检验（Egger et al.，2009）。

空间回归模型随机扰动项异方差的相关问题一直是学界关注的研究主题，最近 Le Gallo 等提出了一种基于 LM 的扫描检验法(Scan-LM)（Le Gallo et al.，2020），该检验方法可以用于探测空间滞后模型(SLM)和空间误差模型(SEM)的随机扰动项的异方差性，优点是不需要空间权重矩阵参与计算，因此实现简单。不仅如此，Scan-LM 还可以识别不同方差对应的随机扰动聚类的形状和大小，这为研究者们探索区域变量空间分异性的具体分异形式以及形成机理提供了有力的工具。

3.2.2 混合空间过程的空间自相关统计检验

空间过程依托于地理空间生成具有空间结构特征的数据（Haining，2009b），实际问题往往对应多重数据生成过程，即多种空间过程混杂在一起共同影响研究对象的空间分布。从空间研究对象聚集特点的角度，空间过程可生成相似值聚集的分布模式和相异值聚集的分布模式，二者分别对应于正空间自相关和负空间自相关。从研究尺度的角度，空间过程可以分为全局过程和局部过程，全局空间自相关通过描述空间变量在研究区域的总体聚集程度来量化全局过程，而局部空间自相关通过描述空间变量在研究区域的不同位置的聚集情况来分析局部过程。

1. 正负空间自相关混合情形

虽然现有文献大多涉及正空间自相关，但是负空间自相关现象的存在也逐渐引起了学者们的关注（Griffith，2019；Chun and Griffith，2018），并且正负空间自相关混合的普遍性也被研究者所发现。例如，物种分布数据可能由于环境和天敌物种的同时作用存在正负自相关混合的情形（Dray，2011）；而社会经济/人口类空间数据往往呈现中度的正空间自相关的表象，事实上，精细化尺度下的社会经济/人口数据具有高度的正空间自相关，正是由于负自相关的同时存在"削弱"了正自相关，才使得数据呈现此种表象（Griffith et al.，2022a；Griffith et al.，2022b）。

Dray（Dray，2011）通过空间权重矩阵（Spatial Weighting Matrix，SWM）的特征方程（EigenFunction，EF）分解给出了一种新的 MC 表达式，该表达式为正空间自相关 S^+ 和负

空间自相关 S^- 的和，其中 S^+ 和 S^- 分别由代表正和负自相关的特征值的加权和表示（Dray，2011，p135，式（9）和式（10））。虽然新的 MC 检验统计量的经验分布依然由对观测数据进行随机排列得到，但是在该框架下，研究者可以进行更为准确的检验：利用 S^+ 进行正相关的检验，利用 S^- 进行负相关的检验，利用二者的 p-值得到双边检验（自相关非零）的 p-值。Dray 的方法为检验单变量的混合正负空间自相关过程提供了一种可行的方案。

Griffith 等在回归模型的框架下，探讨了两种探测正负空间自相关混合的模型——同步空间自回归滑动平均模型（Simultaneous AutoRegressive Moving Average，SARMA，式（3-3））与莫兰特征向量空间滤波模型（Moran Eigenvector Spatial Filtering，MESF，式（3-4））（Griffith et al.，2022a；Griffith et al.，2022b）。这两种模型中都同时包含了正、负空间自相关参数。在 SARMA 模型中，ρ 表示 SAR 过程的空间自相关参数，而 θ 表示 MA 过程的空间自相关参数，其中，正的 ρ 值表示正空间自相关，而正的 θ 值表示负空间自相关①（Griffith et al.，2022a）。在 MESF 中，$E_h\boldsymbol{\beta}_h$ 表示正空间自相关的 ESF 结构，而 $E_k\boldsymbol{\beta}_k$ 表示负空间自相关的 ESF 结构。

$$Y = \mu(1-\rho)\mathbf{1} + \rho WY + (I + \theta W)\boldsymbol{\varepsilon}, \quad \boldsymbol{\varepsilon} \sim N(0, \sigma^2), \tag{3-3}$$

$$Y = \mu\mathbf{1} + E_h\boldsymbol{\beta}_h + E_k\boldsymbol{\beta}_k + \boldsymbol{\varepsilon}, \quad \boldsymbol{\varepsilon} \sim N(0, \sigma^2) \tag{3-4}$$

式（3-3）采用 MLE 来估计模型参数，因此两种空间自相关参数（ρ 与 θ）的显著性检验依然可使用基于 MLE 的三种方法。Griffith 等对 MESF 的方法论以及实现方法有多方面的讨论，该方法的核心思想是将数据中的空间自相关利用相互正交的特征向量进行表征，从而使得模型符合经典线性回归模型对于数据独立性的要求（因为相互正交的特征向量作为"代理"变量出现在模型中）（Griffith，2003；Koo et al.，2018）。式（3-4）中并没有直接体现空间自相关参数，而是由其对应的代表正自相关和负自相关的特征向量来表示（分别为 E_h 与 E_k），于是正自相关程度为 $I_h\boldsymbol{\beta}_h$，而负自相关程度为 $I_k\boldsymbol{\beta}_k$，其中 I_h 和 I_k 分别表示与 E_h 和 E_k 对应的莫兰指数。而对于 I_h 和 I_k 的统计检验依然采用 MC 检验。MESF 方法和 Dray 的方法（Dray，2011）虽然形式不同，但是思想一致：将研究区域的空间权重矩阵进行特征分解从而得到正和负空间自相关的对应表达。

2. 全局和局部空间自相关混合情形

经典的局部空间自相关检验方法的前提假设是不存在全局空间自相关（Getis and Ord，1992；Ord and Getis，1995；Anselin，1995），而当全局空间自相关存在，即兴趣变量在研究区域存在总体的聚集趋势时，经典的局部空间自相关检验法容易出现"假阳性"（犯第一类错误的概率增大）的问题（Ord and Getis，2001）。为此，Ord 和 Getis 在 G 系列统计量的基础上构建了局部空间自相关检验统计量 O_i，并给出了该统计量的一阶矩和二阶矩，利用该统计量的渐近正态性即可对全局空间自相关存在时的局部空间自相关进行检验（Getis and Ord，1992；Ord and Getis，1995）。

Rogerson 指出，全局空间自相关的存在影响空间扫描统计对局部空间自相关的探测能力：不仅使得 p-值更容易显著（"假阳性"），而且使得扫描统计对于局部聚集的检验能力

---

① 将式（3.3）化为 $\boldsymbol{\varepsilon}$ 的滑动平均形式，即有 $\boldsymbol{\varepsilon} = -\mu(1-\rho)\mathbf{1} + (I-\rho W)Y - \theta W\boldsymbol{\varepsilon}$。

降低("假阴性",犯第二类错误的概率增大)(Rogerson,2022)。为减小第一类错误率,Rogerson 提出了一种"全局空间自相关降噪"的解决方案:即在使用扫描统计检验之前,利用 SAR 模型的 APLE(Approximate Profile-Likelihood Estimator)(Li et al.,2007)空间自相关参数估计值对数据进行"降噪"处理,使得数据满足全局空间自相关为零的假设,然后再利用空间扫描统计对局部聚集情况进行探测,这样就可减小统计检验的第一类错误率。但是当区域变量高度自相关时,APLE 方法对 SAR 空间自相关参数的估计值偏低,此时,利用以上"降噪"方法依然不能使数据的全局空间自相关降为零(或接近零),从而无法完全修正空间扫描法的第一类错误。Rogerson 提出的"全局空间自相关降噪+空间扫描统计量"法依赖于 SAR 模型的空间自相关参数估计。因此,如何对研究场景建立"真实"的空间模型,从而有效估计"真实"的全局空间自相关,是该方法能否有效施行的关键。

3.2.3 具有空间自相关性的变量之间的相关性检验

t-检验是检验随机变量之间相关性的经典方法,该方法以随机变量不存在相关性为原假设,以皮尔逊相关系数 r(Pearson's r)作为检验统计量,构造检验统计量的 t-分布计算临界值从而进行假设检验。但是该方法并不适用于空间随机变量,因为空间变量的样本观测值常常具有空间自相关性,并不满足经典方法对于数据的独立性假设。此时如果依然用 t-检验,那么检验结果容易出现"假阳性"(Fortin and Payette,2002)。目前用于检验具有空间自相关性的变量之间的相关性的方法分为两种:一种是修正 t-检验法(Modified t-test)(Clifford et al.,1989;Dutilleul et al.,1993),另一种是保持空间自相关特性的条件模拟法(Conditional Simulation Methods)(Wagner and Dray,2015;Fortin and Jacquez,2000)(以下简称"条件模拟法")。

修正 t-检验法的关键是确定兴趣空间变量的有效样本量(Effective Sample Size)。当兴趣变量的 n 个观测值存在空间自相关时,这 n 个观测值所包含的样本信息并不等同于 n 个独立观测值所包含的样本信息。事实上,空间自相关的程度越高,样本包含的"冗余信息"越多;空间自相关程度越接近于零,样本包含的"冗余信息"越少。有效样本量正是对 n 个存在空间自相关的样本等同于多少个独立样本的量化(Griffith,2005)。Dutilleul 给出了一种针对两空间变量的有效样本量的数学表达(Dutilleul et al.,1993),该方法是应用最为广泛的一类修正 t-检验。对于多空间变量的有效样本量,Vallejos 在最近的研究中也给出了确切的数学表达(Vallejos and Acosta,2021)。然而,有效样本量的估计依赖于对空间过程的建模,如果不能准确估计空间过程的自相关参数,那么也无法得到准确的有效样本量,进而修正 t-检验的可靠性也无从保证。

与修正 t-检验将空间过程利用有效样本量来体现不同,条件模拟法将空间过程的自相关特性嵌入假设检验的原模型中(Wagner and Dray,2015),这里的空间自相关特性包括空间自相关程度(通常由某个空间自相关统计量/参数表示)和空间结构(空间位置关系、尺度等)。条件模拟法通过模拟生成多组与观测数据具有类似空间结构的新数据,得到检验统计量的经验分布,从而进行空间变量之间的相关性假设检验。应用条件模拟法的一般原则是:以观测数据为条件,若模拟点与某一实测点临近,则该点模拟值与其临近实测点的观测值接近;若模拟点与某一实测点重合,则该点模拟值与实测值相等,与此同时,保持模拟值与观测值具有相同的一阶和二阶矩(即均值函数和协方差函数)(张泽浦和王学军,1998)。Cressie 将条件模拟的思路表现为如下公式(Cressie,1993,p208):

$$Z_{CS}(s) = Z^*(s) + (Z_{NS}(s) - Z_{NS}^*(s)), \qquad (3-5)$$

其中,$Z_{CS}(s)$ 表示位置 s 处的条件模拟,$Z^*(s)$ 为观测数据的克里金插值,$Z_{NS}(s)$ 表示位置 s 处的非条件模拟,$Z_{NS}^*(s)$ 为非条件模拟(结果)的克里金插值。虽然 $Z(s)$(实际研究对象)的克里金插值 $Z^*(s)$ 是 $Z(s)$ 的无偏估计,但是它却是实际过程的平滑,无法充分表现出实际研究对象的空间变化,式(3-5)的右边在克里金插值的基础上增加了结构化波动项 $Z_{NS}(s) - Z_{NS}^*(s)$ 来描述这个变化。因此,条件模拟法的关键除了克里金插值技术,还建立在非条件模拟的基础之上。较为经典的非条件模拟方法包括乔列斯基分解法(Cholesky Decomposition Method)、转向带法(Turning-Bands Method)和谱方法(Spectral Method)(Cressie,1993)。随着条件模拟法在地统计领域的蓬勃发展,以上方法被统称为"条件模拟法"出现在各种相关研究中。裴涛对由以上三种方法衍生的各种条件模拟法做了精练的总结和论述(裴涛,2000)。近年来,条件模拟法更多地聚焦于谱方法的研究,一个可能的原因是谱方法具有相对而言更少的参数限制条件,并且可以实现多尺度的模拟(Wagner and Dray,2015)。

谱方法的基本思路是根据区域变量的观测值及空间结构特征寻找一组正交基,并且每个基都代表着空间或者时间的不同尺度,利用这组基来生成区域变量的多组模拟值,从而达到构建相关性检验统计量的经验分布的目的。根据谱的形式不同,可分为基于傅里叶变换的谱随机化检验方法(Keitt,2000;Deblauwe et al.,2012)以及基于特征方程(Eigen-Function)的莫兰谱随机化(Moran Spectral Randomization)检验方法(Wagner and Dray,2015)。前者的基为观测值经由傅里叶变换得到的一组正/余弦波(对于小波变换,基为某个小波函数),每个正弦或者余弦函数的频率即为空间或者时间的不同尺度,再在这组基的基础上通过分形布朗运动(Fractional-Brownian Motion)(Mandelbrot,1968)或者 Percolation Maps(Robert,1991)方法生成谱密度从而得到区域变量的模拟值。后者的基为研究区域空间邻接矩阵的特征向量,每个特征向量对应一个莫兰值和空间尺度,莫兰谱随机化方法的谱密度由这些特征向量与观测值的相关系数的平方构成。然而,当两个空间变量都存在非平稳性时,基于傅里叶变换和基于特征方程的检验方法并不能保证正确的第一类错误率(Wagner and Dray,2015),此时基于对偶树的复小波变换(Dual-Tree Complex Wavelet Transformation)检验方法(Deblauwe et al.,2012)有更好的稳健性。当研究区域为非规则格网或者需要控制模拟值与观测值的相关水平时,基于特征方程的莫兰谱随机化检验方法更为适用(Wagner and Dray,2015)。

以上条件模拟法分别模拟单个空间变量的取值,通过计算多组模拟值的相关系数来得到检验统计量的经验分布,而最小/最大自相关因子法(Minimum/Maximum Autocorrelation Factors,MAF)(Rondon,2012)可以直接模拟变量之间的相关性。但是 MAF 模拟过程涉及 LMC(Linear Model of Coregionalization)的拟合,估计不同尺度下的变差函数(Variogram)参数需要花费大量计算时间。图 3-4 给出了空间自相关统计检验扩展研究的问题分类,并且总结了 3.2.1~3.2.3 节所讨论的对于这些问题的主要解决方法。

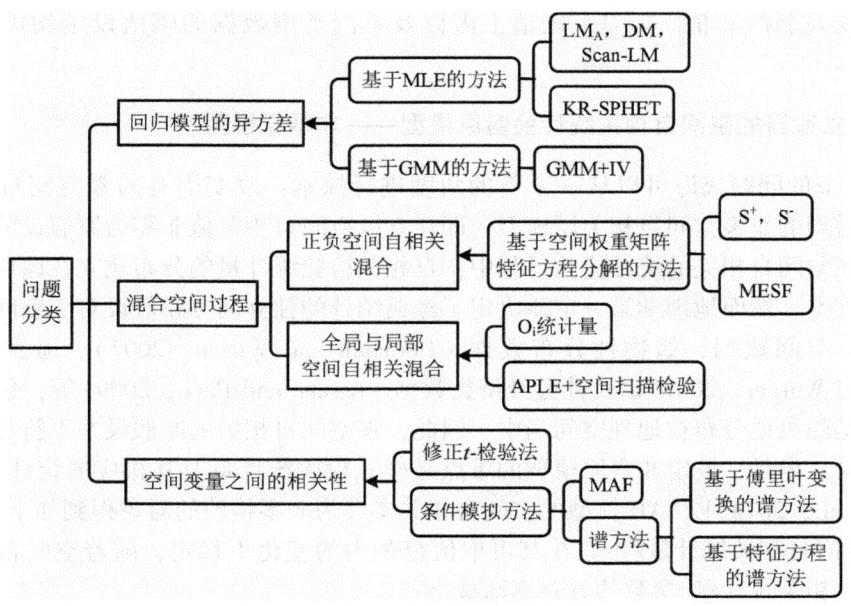

图 3-4　空间自相关统计检验扩展研究问题分类及主要方法

3.3 空间自相关统计检验的 p-值与原模型

判定是否存在某种空间模式的一般思路是：首先设定原模型，包括原假设以及原假设下检验对象的统计分布；然后根据原模型计算检验统计量观测值的 p-值（与检验的置信区间）；最后根据 p-值是否小于预设的显著性水平来决定是否接受原假设。若拒绝原假设，则说明研究对象存在某种空间分布模式，进而依据自相关统计量的数值给出具体空间模式的推断。由此看出，判断是否存在空间模式的依据是统计 p-值是否显著。在经典统计中，当样本量足够大时，即使样本统计量值与原假设值差别微小，也依然得到显著的 p-值从而拒绝原假设，这就是 p-值谬误（Lantz，2013）问题（也称为 p-值操控（Head et al.，2015），以下统称"p-值问题"）（Amrhein et al.，2019），该问题在空间自相关的假设检验中依然存在。

3.3.1 大样本量空间数据的自相关统计检验 p-值问题

空间自相关假设检验也存在 p-值问题（Wasserstein and Lazar，2016；Wellek，2017；Lantz，2013），目前统计学上对该问题的处理方式是将 p-值不作为接受或是拒绝原假设的唯一判断标准，而将效应量（Effect Size）纳入统计决策的重要参考指标（Cohen，1988；Cohen，1992；Kirk，2013；Ialongo，2016）。比如，在等效性/非劣效性（Equivalence/Noninferiority）检验的基础上，生物统计学者设计了 RDT（Relevant Difference Test）方法来应对大样本量假设检验的 p-值问题（Wellek，2010），而考虑空间自相关的 RDT 为空间自相关 p-值问题的解决提供了一种参考方案，该方案的关键点是放宽接受域，避免因为大样

本量而出现显著的 p-值。但是，阈值上限以及不同类型数据的阈值设定均需要进一步研究。

3.3.2 建立适当的空间自相关统计检验原模型——非零原模型

3.3.1 节的问题或许可以从一个新的角度进行探索：改变固有的零空间自相关原模型，设定适当的非零空间自相关原模型，即建立以空间自相关值非零为原假设的统计检验原模型。在空间自相关的统计检验过程中，自相关检验统计量的分布建立在原假设为零自相关的基础上，然而地理学第一定律决定了经典统计的独立同分布假设对于空间数据不成立。典型的空间数据，如物种分布数据（Dormann and Wilson, 2007）、遥感影像数据（Spiker and Warner, 2007）以及社会经济类数据（Lesage and Pace, 2009）等，包含的研究对象并不是随机地分布在地理空间当中。因此，零空间自相关的原假设并不符合大多数实际研究场景。但是，设定非零原模型的难点是确立检验统计量及其相应的统计分布。Luo 等（Luo et al., 2018）以 SAR 模型的空间自相关参数为非零检验的对象得到如下初步结论：

（1）空间自相关统计量/参数在其可取值范围内的变化不稳定，随着空间自相关程度的增强，自相关统计量/参数的方差逐渐减小；

（2）经典统计中用于稳定皮尔逊相关系数方差的 Z-变换并不能解决自相关系数方差不稳定的问题，因此准确描述或者量化自相关变化的不稳定性是探究非零自相关分布的难点。

以上结论建立在格网数据基础上，对于实际研究中常常见到的不规则的行政区划数据，非零原模型的建立具有更高的难度。而条件模拟的谱随机化方法（Deblauwe et al., 2012；Wagner and Dray, 2015）不失为一种可行的解决思路：对研究的空间过程预先不作任何模型的或者参数上的假设，而是根据观测到的结果（即样本）去模拟产生这种结果的可能的原模型（检验统计量及其经验分布）。谱随机化模拟方法与 Cliff 和 Ord 早期使用的随机置换法（Cliff and Ord, 1973；Burridge, 1981）原理一致——两者都通过模拟的方法得到检验统计量的经验分布。但是谱随机化方法将空间自相关特征作为限制条件加入了模拟过程中，而随机置换法没有设定研究对象空间特性的限定条件，采用完全随机的形式进行模拟，因此，谱随机化方法能够产生更符合实际情况的原模型（与研究对象的空间自相关特征更为贴近的原模型）。

事实上，非零原模型①方法论不仅在统计学中有坚实的研究基础（Gotelli and Ulrich, 2012），而且在其他相关领域也有切实的应用场景。例如，非零原模型的显著性检验（Veech, 2012）以及复杂研究场景下的非零原模型构建（Wagner and Dray, 2015）是生态学者所关注的问题；神经科学领域（Váša and Mišić, 2022）也有关于非零原模型深入的研究，例如，研究者利用空间置换模型（Spatial Permutation Models）通过保持样本脑神经图像空间自相关特征，来模拟生成脑神经网络图像的非零原模型（即由多幅脑神经模拟图像得到的兴趣变量的经验分布）（Markello and Misic, 2021），也有研究者在考虑大脑神经网络

---

① 生态学、神经科学、统计学中统称为"null model"（原模型），本书为了区别原假设的空间自相关值零和非零，将原模型分别称为"零原模型"和"非零原模型"。

结构的基础上探究神经连接原模型的生成方法（Váša and Mišić，2022）。

与非零原模型在以上领域的研究类似，建立适当的空间自相关统计检验原模型要求从研究对象的实际出发，将研究对象的现有观测值作为原模型或者原分布的一个实现（或样本），并将这组观测的空间自相关特征输入原模型生成机制从而得到研究对象的原模型，在此基础上设定非零原假设进而进行统计检验。非零原模型的构建框架如图 3-5 所示，这其中的关键是研究如何建立非零原模型生成机制，除了以上讨论的谱随机化模拟方法（Deblauwe et al.，2012；Wagner and Dray，2015），新的非零原模型建立方法也值得进行深入的研究。

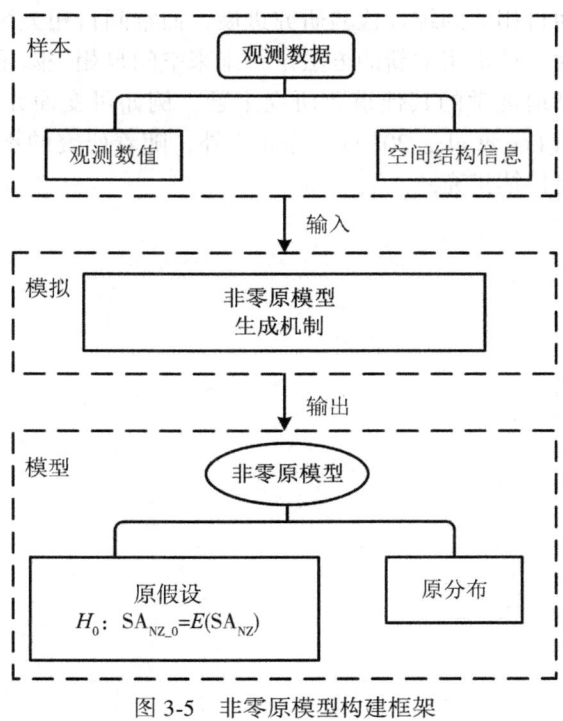

图 3-5 非零原模型构建框架

3.4 本章小结

空间自相关的研究源于地理学与统计学的交叉，在多个学科和领域有着广泛的应用。本书从空间自相关统计检验的角度出发，从其基础性工作、扩展性工作以及 p-值与非零原模型方面进行了论述。基础性工作包含单变量的空间自相关统计检验、模型参数的空间自相关统计检验（二者都属于全局空间自相关假设检验的范畴）以及局部空间自相关的假设检验，本章归纳提炼了以上经典方法的基本框架。

空间自相关统计检验的扩展性工作涉及多种场景，本章根据解决问题的不同将这些工作分为三个方面。第一，异方差条件下回归模型的空间自相关统计检验；第二，混合空间过程的空间自相关统计检验，该部分讨论了正负空间自相关混合与全局和局部空间自相关混合的情形；第三，空间变量（X）与空间变量（Y）之间的相关性检验。本书总结并讨论了这些问题的研究进展。

最后，本章探讨了空间自相关统计检验在大样本量下的 p-值问题，并且从建立适当原模型的角度提出了一种 p-值问题的解决方案。现有的空间自相关统计检验体系建立在"空间随机分布"的原模型之下，而此种原模型的假设并不符合地理学第一定律。研究对象的空间格局形成机制一直是地理学者们所关注的研究主题，根据现实研究情况建立符合当下数据生成过程的原模型，即非零原模型，这一方法为揭示空间格局形成机制提供了一种新的思路。

本章聚焦讨论空间自相关的统计检验研究进展，而空间自相关统计检验是空间自相关分析的核心理论。作为一种常用常新的方法论，未来空间自相关除了从自身的角度进行方法的创新，也可关联到地理学的其他重要研究主题，例如可变面元问题（Modifiable Areal Unit Problem，MAUP）（Lee et al.，2019）。除此之外，随着研究的不断深入和细化，空间自相关的应用场景也将持续扩充。

第4章 海量空间数据自相关统计量的性质

在空间数据分析中，最常用的度量空间自相关强度的两个统计量为 MC 和 GR，在前面章节的介绍中已经对其作了基本描述。本章将根据 Cliff 和 Ord（Cliff and Ord，1973）推导的有关 MC 和 GR 前两阶中心矩的结果，探讨在大样本量空间数据的情形下，MC 和 GR 的有效性和统计功效，为研究者在面对不同的大样本量空间数据时选择合适的自相关统计量提供理论依据。

本章内容分为四个小节。第一节给出 MC 和 GR 的正式定义以及它们分别与空间自回归模型和半方差函数的联系，并且给出讨论二者统计性质时必要的假设条件。第二节讨论 MC 与 GR 的有效性与统计功效，其中重点比较了二者在不同假设下的相对有效性（即哪个更方便有效）和统计功效，并给出了一种统计功效的分析作图法。第三节讨论了适用于分类数据的 Join Count 统计量，包括它与 MC 和 GR 的关系以及三者的功效比较。第四节给出了两个实例，分别说明自相关统计量在区间数据（Interval Data，或连续型数据）和分类数据中的应用。

4.1 两个重要的空间自相关统计量

MC 与 GR 是量化空间自相关最常用的统计量，它们代表了对自相关进行表达的不同体系（下文的讨论中会解释），因而具有很强的代表性。本部分将重点讨论二者在大样本量下的统计性质。首先给出 MC 与 GR 的数学表达式以及二者的关系方程。

4.1.1 MC 与 GR 的定义及内涵

设 X 为分布在某个研究区域上的兴趣变量（如人均工资、房价等），假设此研究区域分为 n 个子区域，现有 X 的一组观测值 $\{x_1, x_2, \cdots, x_n\}$，其平均值记为 $\bar{x} = \sum_{i=1}^{n} x_i / n$，此研究区域的 0-1 邻接矩阵 C 与第 2.1.3 节中的定义相同，那么 MC 和 GR 关于这组样本值的表示形式为：

$$\text{MC} = \frac{n \sum_{i=1}^{n} \sum_{j=1}^{n} c_{ij} (x_i - \bar{x})(x_j - \bar{x})}{\left(\sum_{i=1}^{n} \sum_{j=1}^{n} c_{ij} \right) \left(\sum_{i=1}^{n} (x_i - \bar{x})^2 \right)} \tag{4-1}$$

以及

$$\text{GR} = \frac{(n-1) \sum_{i=1}^{n} \sum_{j=1}^{n} c_{ij} (x_i - x_j)^2}{2 \sum_{i=1}^{n} \sum_{j=1}^{n} c_{ij} \sum_{i=1}^{n} (x_i - \bar{x})^2}. \tag{4-2}$$

可以清楚地看到，以上两者表达式的最大区别在于分子上对 $x_i(i=1,2,\cdots,n)$ 邻域权重和的计算上：MC 是以交叉积（Cross-Product）的形式计算的，即 $x_i(i=1,2,\cdots,n)$ 及其邻居分别减去样本均值再相乘；而 GR 是以成对或两两差的平方来计算的，即 $x_i(i=1,2,\cdots,n)$ 直接减去其邻居值再平方。

另外两种与之类似的表达有：

$$r = \frac{\sum_{i=1}^{n}(x_i-\bar{x})(y_i-\bar{y})}{\sqrt{\sum_{i=1}^{n}(x_i-\bar{x})^2}\sqrt{\sum_{i=1}^{n}(y_i-\bar{y})^2}} \qquad (4\text{-}3)$$

和

$$\gamma(h) = \frac{1}{2|N(h)|}\sum_{(i,j)\in N(h)}(x_i-x_j)^2. \qquad (4\text{-}4)$$

其中，式(4-3)为皮尔逊系数（即相关系数的样本表达），$y_i(i=1,2,\cdots,n)$ 为另外一组随机变量；式(4-4)为经验半方差函数（Empirical Semivariogram），或者半方差函数的样本表达，$N(h)$ 表示距离为 h 的点对，$|N(h)|$ 为 $N(h)$ 的 1 范数，即距离为 h 的点对的数目。可以看到，式(4-1)与式(4-3)以及式(4-2)与式(4-4)的明显对应关系。前面已经提到 r 的空间版本为 ρ，ρ 为空间自回归模型的自相关系数，因此 MC 其实是与空间计量经济学中的空间自回归模型对应的；而 GR 其实是与地统计中的半方差函数对应的。Legendre 和 Fortin（Legendre and Fortin,1989）(p111)对 MC 和 GR 也有类似的描述。

所以，当讨论 MC 和 GR 时，实际上并不是仅仅讨论它们本身，而是在讨论以它们为代表的不同描述数据的方法，进而得出的关于 MC 和 GR 的结论也对应用空间回归模型和半方差模型具有一定的指示作用。在实际应用中，常常用到的 MC 的范围为 $(-1,1)$，其中越接近于 1 表示正的自相关性越强，越接近于 -1 表示负自相关性越强，0 表示空间自相关不存在，数据随机分布。常常用到的 GR 的范围为 $(0,2)$，其中越接近于 0 表示正自相关越强，越接近于 2 表示负的自相关性越强，1 表示数据不存在自相关。正的自相关表示高-高、低-低值的聚集，负的自相关表示高-低值的聚集。

式(4-1)与式(4-2)由两部分组成：空间划分和兴趣变量观测值。对于空间划分对空间邻接矩阵和自相关值的影响，第 2 章中已经作了说明。以下对兴趣变量观测值的分布进行设定和讨论。

根据 2.1.2 节中的讨论，现实中的某组观测值可以看成服从某一元分布的，因此对兴趣变量的分布提出如下假设：

- 正态分布（Normal Distribution, ND）：形态为对称的钟形，是现实数据分析中普遍用到的一种分布假设；
- 均匀分布（Uniform Distribution, UD）：形态为某区间内的一段平行于横轴的线段；
- Beta 分布（Beta Distribution, BD）：这里取 Beta 分布的两个参数为 $\alpha_1 = \alpha_2 = 0.5$（后文不再专门说明），从而使得该概率分布的密度函数为一个对称的钵状；
- 指数分布（Exponential Distribution, ED）：形态为首尾两端贴合纵轴和横轴的曲线，一般位于坐标平面的第一象限。

选定这四种分布的原因是它们代表了所有分布中不同的形态：前三种均为对称分布，由凸起的典型正态分布到平坦的均匀分布，再到下凹的 Beta 分布；最后一种为非对称分布。除了指数分布在进行了 Box-Cox 幂变换之后可以近似成正态分布外，另外两种与正态分布均没有直接的联系，并且非正态的三种分布之间也没有直接联系。图 4-1 显示了以上四种分布的概率密度曲线（Probability Density Function，PDF），它们各自的峰度（Kurtosis）由 b_2 表示。峰度是对数据分布平峰或者尖峰程度的度量，以正态分布的峰度值 3 为标准，$b_2 > 3$ 时是尖峰分布，$b_2 < 3$ 时为扁平分布（贾俊平等，2012）。因此，均匀分布和 Beta 分布为扁平分布，指数分布为尖峰分布。

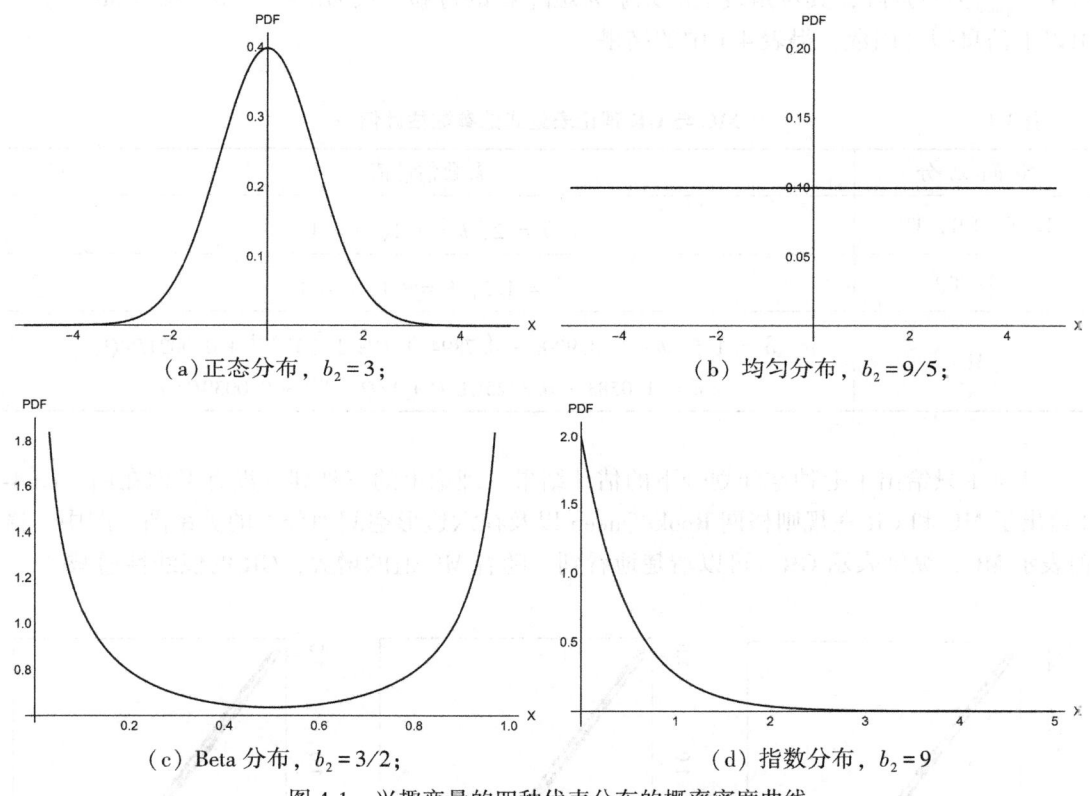

(a) 正态分布，$b_2 = 3$；　　　　　　(b) 均匀分布，$b_2 = 9/5$；

(c) Beta 分布，$b_2 = 3/2$；　　　　　(d) 指数分布，$b_2 = 9$

图 4-1　兴趣变量的四种代表分布的概率密度曲线

4.1.2　MC 与 GR 的关系

表 2-2 中 MC 和 GR 的极值给人的直观印象是：二者呈负的线性关系，即一方随着另外一方的增大而减小。Griffith 给出的二者关系表达式说明了这一点（Griffith，1987）。附录 2 给出了以下关系式(4-5)的证明。

$$\mathrm{GR} = \frac{n-1}{2\sum_{i=1}^{n}\sum_{j=1}^{n}c_{ij}} \frac{2\sum_{i=1}^{n}(x_i - \bar{x})^2 \left(\sum_{j=1}^{n}c_{ij}\right)}{\sum_{i=1}^{n}(x_i - \bar{x})^2} - \frac{n-1}{n}\mathrm{MC}. \tag{4-5}$$

式(4-5)的表达中涉及兴趣变量的样本值,如果要更直接地表达二者的关系,那么需要进一步得到理论的表达式。将式(4-1)的分子用矩阵的形式表达即为 $(I-11^T/n)C(I-11^T/n)$,其中,I 为单位阵,1 为元素全为 1 的列向量,T 为矩阵的转置运算,$(I-11^T/n)$ 在多元统计中通常被称为投影矩阵(Projection Matrix),这里不妨记为 M,于是以上矩阵可简记为 MCM。用 $n/1^T C1$ 乘以 MCM 的特征值,可得到一组 MC 的值,这组值组成了以 C 为空间邻接阵的空间划分下所有可能的自相关值,这组值的极值即 MC 的最大值和最小值(de Jong et al., 1984)。相应的 GR 值可以由 MCM 的特征向量计算得出:式(4-2)的分子可写成 $2((C1)_{diagonal} - C)$(de Jong et al., 1984; Griffith, 2003),其中,$(C1)_{diagonal}$ 为对角阵,其对角线上的元素为矩阵 C 的行和。设 $GR = a + b(MC - MC_{min})^c$,由以上信息拟合函数,得表 4-1 中的结果。

表 4-1　　　　　　　　　MC 与 GR 理论表达式的参数估计值

空间划分	参数估计值
L, C, SR, TR	$\hat{a} = 2, \hat{b} = -1, \hat{c} = 1$
SQ, TQ	$\hat{a} = 1.5, \hat{b} = -1, \hat{c} = 1$
H	$\hat{a} = 1.5, \hat{b} = -0.9906 - 0.7894(1/P + 1/Q)^{0.8713} + 0.0021P/Q$, $\hat{c} = 1.0583 - 0.8725(1/P + 1/Q)^{0.5736} + 0.0039P/Q$

表 4-1 只给出了七种空间划分下的估计结果,理论上的三种划分没有考虑在内。图 4-2 给出了 MC 和 GR 在规则格网 Rook/Queen 以及在六边形空间划分下的关系图。图中,横轴表示 MC,纵轴表示 GR。可以清楚地看到,随着 MC 值的增大,GR 的值线性递减。

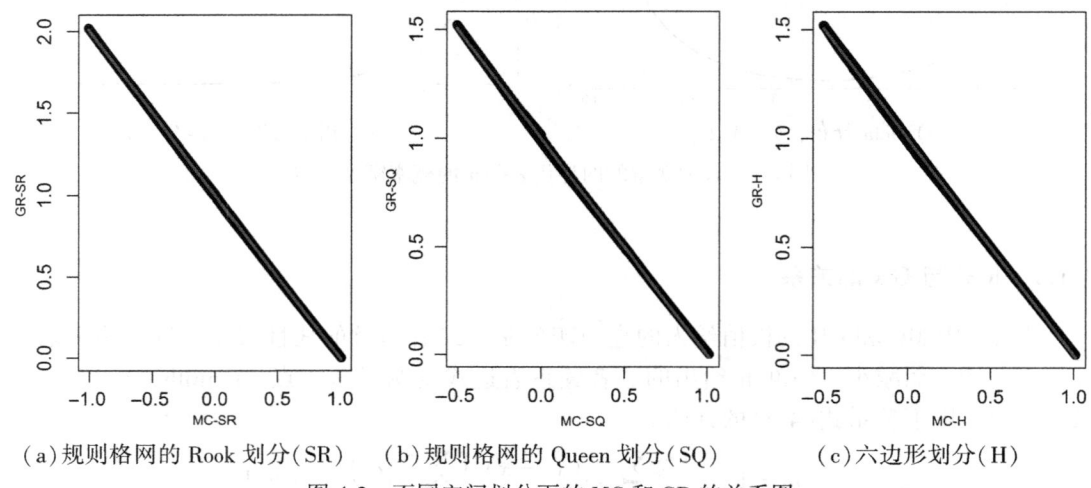

(a)规则格网的 Rook 划分(SR)　　(b)规则格网的 Queen 划分(SQ)　　(c)六边形划分(H)

图 4-2　不同空间划分下的 MC 和 GR 的关系图

4.2 MC 与 GR 的有效性与统计功效

4.2.1 MC 和 GR 的渐近方差

在讨论渐近方差之前,有必要给出 MC 和 GR 的期望和精确方差(Cliff and Ord, 1973)。本书沿用了 Cliff 和 Ord 对兴趣变量的分类:即兴趣变量的分布要么是正态的要么是随机的①,于是有下述式子(式中下标 N 和 R 分别代表正态分布和随机情况):

$$E_N(\mathrm{MC}) = E_R(\mathrm{MC}) = -1/(n-1), \tag{4-6}$$

$$E_N(\mathrm{GR}) = E_R(\mathrm{GR}) = 1, \tag{4-7}$$

$$\mathrm{Var}_N(\mathrm{MC}) = \frac{n^2 S_1 - n S_2 + 3 S_0^2}{(n-1)(n+1) S_0^2} - \frac{1}{(n-1)^2}, \tag{4-8}$$

$$\mathrm{Var}_R(\mathrm{MC}) = \frac{n[(n^2-3n+3)S_1 - nS_2 + 3S_0^2] - b_2[(n^2-n)S_1 - 2nS_2 + 6S_0^2]}{(n-1)(n-2)(n-3)S_0^2}$$

$$- \frac{1}{(n-1)^2}, \tag{4-9}$$

$$\mathrm{Var}_N(\mathrm{GR}) = \frac{[(2S_1 + S_2)(n-1) - 4S_0^2]}{2(n+1)S_0^2}, \tag{4-10}$$

以及

$$\mathrm{Var}_R(\mathrm{GR}) = \frac{(n-1)S_1[n^2-3n+3-(n-1)b_2] - \frac{1}{4}(n-1)S_2[n^2+3n-6-(n^2-n+2)b_2]}{n(n-2)(n-3)S_0^2}$$

$$+ \frac{S_0^2[n^2-3-(n-1)^2 b_2]}{n(n-2)(n-3)S_0^2}. \tag{4-11}$$

其中,$S_0 = \sum_{i=1}^{n}\sum_{j=1}^{n} c_{ij}$, $S_1 = \frac{1}{2}\sum_{i=1}^{n}\sum_{j=1}^{n}(c_{ij}+c_{ji})^2$, $S_2 = \sum_{i=1}^{n}\left[\sum_{j=1}^{n}(c_{ij}+c_{ji})\right]^2$,且对于 $z_i = x_i - \bar{x}$,$b_2 = \frac{1}{n}\sum_{i=1}^{n} z_i^4 / \left(\frac{1}{n}\sum_{i=1}^{n} z_i^2\right)^2$。这里的 b_2 即 4.1.1 节中提到的峰度。由 C 的对称性有,$S_1 = 2\sum_{i=1}^{n}\sum_{j=1}^{n} c_{ij} = 2S_0$, $S_2 = 4\sum_{i=1}^{n}\left(\sum_{j=1}^{n} c_{ij}\right)^2$。

对于以上 MC 和 GR 的复杂表达形式,Griffith 给出了正态下的渐近(Asymptotic)表达(Griffith, 2010),大大简化了式(4-8)至式(4-11),即

$$\mathrm{Var}_A(\mathrm{MC}) = \frac{2}{\sum_{i=1}^{n}\sum_{j=1}^{n} c_{ij}} = \frac{2}{S_0}, \tag{4-12}$$

$$\mathrm{Var}_A(\mathrm{GR}) = \frac{2}{\sum_{i=1}^{n}\sum_{j=1}^{n} c_{ij}} + \frac{2\sum_{i=1}^{n}\left(\sum_{j=1}^{n} c_{ij}\right)^2}{\left(\sum_{i=1}^{n}\sum_{j=1}^{n} c_{ij}\right)^2} = \frac{2}{S_0} + \frac{S_2}{2 S_0^2}, \tag{4-13}$$

---

① 在后面的讨论中,根据峰度值的不同,随机的情况又分成了均匀、Beta 以及指数分布三种。

其中，下标 A 表示渐近形式。

下面给出 MC 和 GR 方差渐近性的四个定理。

定理 1 $\lim_{n\to\infty}\text{Var}_N(\text{MC}) = \text{Var}_A(\text{MC})$.

证明：$\lim_{n\to\infty}\text{Var}_N(\text{MC})$

$$= \lim_{n\to\infty}\frac{n^2(n-1)S_1 - n(n-1)S_2 + 3(n-1)S_0^2 - (n+1)S_0^2}{(n-1)^2(n+1)S_0^2}$$

$$= \lim_{n\to\infty}\left[\frac{n^2 S_1}{(n^2-1)S_0^2} - \frac{nS_2}{(n^2-1)S_0^2} + \frac{2(n-2)}{(n-1)^2(n+1)}\right]$$

$$= \frac{S_1}{S_0^2} - o(1)\frac{S_2}{S_0^2} + 2o\left(\frac{1}{n}\right) = \frac{2}{S_0} = \text{Var}_A(MC),$$

其中，$o(1) = 1/n$ 为 1 的高阶无穷小量，S_2/S_0^2 为常数（对于最大平面邻接，S_2/S_0^2 为正的常数；其他情况下，S_2/S_0^2 为 0），$o(1/n) = 1/n^2$ 为 $1/n$ 的高阶无穷小量。□

定理 2 $\lim_{n\to\infty}\text{Var}_R(\text{MC}) = \text{Var}_A(\text{MC})$.

证明：$\lim_{n\to\infty}\text{Var}_R(\text{MC})$

$$= \lim_{n\to\infty}\left\{\frac{n(n-1)[(n^2-3n+3)S_1 - nS_2 + 3S_0^2] - b_2(n-1)[(n^2-n)S_1 - 2nS_2 + 6S_0^2]}{(n-1)^2(n-2)(n-3)S_0^2}\right.$$

$$\left.- \frac{(n-2)(n-3)S_0^2}{(n-1)^2(n-2)(n-3)S_0^2}\right\}$$

$$= \lim_{n\to\infty}\left\{\frac{n(n^2-3n+3)S_1}{(n-1)(n-2)(n-3)S_0^2} - \frac{n^2 S_2}{(n-1)(n-2)(n-3)S_0^2} + \frac{3n}{(n-1)(n-2)(n-3)}\right.$$

$$- b_2\left[\frac{nS_1}{(n-2)(n-3)S_0^2} - \frac{2nS_2}{(n-1)(n-2)(n-3)S_0^2} + \frac{6}{(n-1)(n-2)(n-3)}\right]$$

$$\left.- \frac{1}{(n-1)^2}\right\}$$

$$= \frac{S_1}{S_0^2} - o(1)\frac{S_2}{S_0^2} + 3o\left(\frac{1}{n}\right) - b_2\left[o(1)\frac{S_1}{S_0^2} - 2o\left(\frac{1}{n}\right)\frac{S_2}{S_0^2} + 6o\left(\frac{1}{n^2}\right)\right] - o\left(\frac{1}{n}\right)$$

$$= \frac{S_1}{S_0^2} = \frac{2}{S_0} = \text{Var}_A(MC),$$

其中，b_2 为峰度，$o(1/n^i)(i=0,1,2)$ 为高阶无穷小量。□

定理 1 和定理 2 说明不论兴趣变量是何种分布，MC 的渐近方差都是 $\text{Var}_A(\text{MC})$（式 (4-12)），即 MC 的渐近方差对兴趣变量的分布是不敏感的。但是对于 GR，情况却截然不同。

定理 3 $\lim_{n\to\infty}\text{Var}_N(\text{GR}) = \text{Var}_A(\text{GR})$.

证明：$\lim_{n\to\infty}\text{Var}_N(\text{GR})$

$$= \lim_{n\to\infty}\left[\frac{(2S_1 + S_2)(n-1)}{2(n+1)S_0^2} - \frac{2}{(n+1)}\right]$$

$$= \frac{(2S_1 + S_2)}{2S_0^2} - 2o(1) = \frac{2}{S_0} + \frac{S_2}{2S_0^2} = \text{Var}_A(\text{GR}).$$

即 $\lim_{n\to\infty} \text{Var}_N(\text{GR}) = \text{Var}_A(\text{GR})$。

定理 4 在随机的情形下，GR 的渐近方差和分布的峰度有关。

证明：$\lim_{n\to\infty} \text{Var}_R(\text{GR})$

$$= \lim_{n\to\infty} \left\{ \frac{(n-1)S_1[n^2-3n+3-(n-1)b_2] - \frac{1}{4}(n-1)S_2[n^2+3n-6-(n^2-n+2)b_2]}{n(n-2)(n-3)S_0^2} \right.$$
$$\left. + \frac{S_0^2[n^2-3-(n-1)^2 b_2]}{n(n-2)(n-3)S_0^2} \right\}$$

$$= \lim_{n\to\infty} \left[\frac{(n-1)(n^2-3n+3)S_1}{n(n-2)(n-3)S_0^2} - \frac{(n-1)^2 S_1 b_2}{n(n-2)(n-3)S_0^2} - \frac{(n-1)(n^2+3n-6)S_2}{4n(n-2)(n-3)S_0^2} \right.$$
$$\left. + \frac{(n-1)(n^2-n+2)S_2 b_2}{4n(n-2)(n-3)S_0^2} + \frac{n^2-3}{n(n-2)(n-3)} - \frac{(n-1)^2 b_2}{n(n-2)(n-3)} \right]$$

$$= \frac{S_1}{S_0^2} - o(1)\frac{S_1}{S_0^2}b_2 - \frac{S_2}{4S_0^2} + \frac{S_2 b_2}{4S_0^2} + o(1) - o\left(\frac{1}{n}\right)b_2$$

$$= \frac{2}{S_0} + \frac{S_2(b_2-1)}{4S_0^2}.$$

可以看到，GR 在随机情况下的渐近方差与峰度有关。□

特别地，对于正态分布、均匀分布、Beta 分布和指数分布，分别有：

$$\text{Var}_{AN}(\text{GR}) = 2/S_0 + S_2/2S_0^2, \quad (4\text{-}14)$$

$$\text{Var}_{AU}(\text{GR}) = 2/S_0 + S_2/5S_0^2, \quad (4\text{-}15)$$

$$\text{Var}_{AB}(\text{GR}) = 2/S_0 + S_2/8S_0^2, \quad (4\text{-}16)$$

$$\text{Var}_{AE}(\text{GR}) = 2/S_0 + 2S_2/S_0^2. \quad (4\text{-}17)$$

式(4-14)~式(4-17)分别表示正态、均匀、Beta 以及指数分布下 GR 的渐近方差，可以看出 GR 的渐近方差对兴趣变量的分布是敏感的——不同分布下，GR 的渐近方差不同。

定理 1 至定理 4 表明，相较于 GR 的方差，MC 的方差不受限于样本数据的分布。

4.2.2 有效性分析

在统计学的背景下，"有效性"适用于两种情况：一种用来衡量无偏估计量——方差越小的估计量越有效；一种是比较两种假设检验——对于给定的统计功效，需要样本越少的检验越有效。在本书的有效性分析中，有效性是指前一种情况：即将 MC 和 GR 的样本表达看作 MC 和 GR 的无偏估计[①]，二者中的方差较小者更有效。

设 $r_{\text{exact}} = \text{Var}_{\text{exact}}(\text{MC})/\text{Var}_{\text{exact}}(\text{GR})$，其中，下标"exact"指 MC 和 GR 的精确方差，如

---

① 根据 Cliff 和 Ord（1973），在正态和随机的假设之下，都有 $E(\text{MC}) = -1/(n-1) = \mu_{\text{MC}}$，$E(\text{GR}) = 1 = \mu_{\text{GR}}$。

式（4-8）至式（4-11）。如果 $r_{\text{exact}} < 1$，那么 MC 比 GR 更有效；否则，GR 比 MC 更有效。考虑二者的渐近方差比

$$r_A = \text{Var}_A(\text{MC})/\text{Var}_{A*}(\text{GR}) = \frac{2/S_0}{S}, \quad (4\text{-}18)$$

其中，$A*$ 表示 AN、AU、AB 和 AE，S 表示式（4-14）、式（4-15）、式（4-16）或式（4-17）。同样地，如果 $r_A < 1$，那么 MC 比 GR 更有效；如果 $r_A > 1$，那么 GR 比 MC 更有效。式（4-18）说明，MC 与 GR 的渐近方差比直接受空间划分的影响，S_0 和 S_2 的值参见表 2-1，其中，$S_0 = \sum_{i=1}^{n}\sum_{j=1}^{n}c_{ij}$，$S_2 = 4\sum_{i=1}^{n}\left(\sum_{j=1}^{n}c_{ij}\right)^2$。表 4-2 总结了在不同分布和不同空间划分下 MC 和 GR 的渐近方差（AVR）、精确方差（EVR）比（Luo et al., 2017；Luo et al., 2019），以及它们的渐近方差对精确方差的修正系数（Adjustment Factor）[①]。

表 4-2　　　　　　　　　　MC 与 GR 的方差比与修正系数

		L	SR	SQ	H	MP	MH	CN*
正态分布	AVR	1/3	1/5	1/9	1/7	0	3/25	$1/(k+1)$
	EVR	1	1	1	1	0	3/7	1
	AF(AVMC)	1	1	1	1	1/3	1	1
	AF(AVGR)	1/3	1/5	1/9	1/7	1	7/25	$1/(k+1)$
均匀分布	AVR	5/9	5/13	5/21	5/17	0	15/59	$5/(2k+5)$
	EVR	1	1	1	1	0	0.6522	1
	AF(AVMC)	1	1	1	1	1/3	1	1
	AF(AVGR)	5/9	5/13	5/21	5/17	1	1/2.565	$5/(2k+5)$
Beta 分布	AVR	2/3	1/2	1/3	2/5	0	6/17	$4/(k+4)$
	EVR	1	1	1	1	0	3/4	1
	AF(AVMC)	1	1	1	2	1/3	1	1
	AF(AVGR)	2/3	1/2	1/3	2/5	1	8/17	$4/(k+4)$
指数分布	AVR	1/9	1/17	1/33	1/25	0	3/91	$1/(4k+1)$
	EVR	1	1	1	1	0	0.1579	1
	AF(AVMC)	1	1	1	1	1/3	1	1
	AF(AVGR)	1/9	1/17	1/33	1/25	1	1/4.79	$1/(4k+1)$

* CN 表示常数个邻居（Constant Neighbors），k 的取值为 2，4，8，分别对应环状、胎状 Rook 和胎状 Queen 的空间划分。

从表 4-2 中可以看出，对于所有分布假设和空间划分，都有 $r_A < 1$，即以渐近方差为标准，MC 比 GR 更有效；而对于所有分布假设和大部分空间划分（除理论构造的最大平面和最大六边形外），有 $r_{\text{exact}} = 1$，说明在精确方差下，MC 与 GR 有相同的有效性。进一步，比较二者各自的渐近方差与精确方差可发现，相对于精确方差，除了理论上构造的空

[①] 修正系数 * lim（渐近方差/精确方差）= 1。

间结构，MC 的渐近方差有更好的性质——可以更好地近似精确方差，而不需要经过修正。以正态分布为例，在线性、规则格网 Rook、规则格网 Queen、六边形邻接、最大平面邻接、最大六边形邻接和常数个邻居的空间划分下，MC 与 GR 的渐近方差比值分别为 $1/3$，$1/5$，$1/7$，$1/9$，0，$3/25$ 和 $1/(k+1)$——均小于 1；而在精确方差下，二者的比值均为 1（空间最大平面和最大六边形除外），这说明在用渐近方差近似精确方差的过程中发生了精度的损失，弥补这种损失需要对 MC 和 GR 的渐近方差进行修正。由 AVMC 行的计算结果可知，除了最大平面划分，在其他空间划分下，MC 的渐近方差均不需要修正，只有 GR 的渐近方差需要修正。因此，表 4-2 的结果可以总结为：MC 的渐近方差比 GR 的渐近方差更有效，且可以准确地近似精确方差。

图 4-3 更清晰地反映了在渐近方差下 MC 比 GR 更有效的结论。可以看出，在样本量达到 40 之前，各种空间划分下的渐近方差比就达到了收敛的状态，且收敛的值均小于 1。

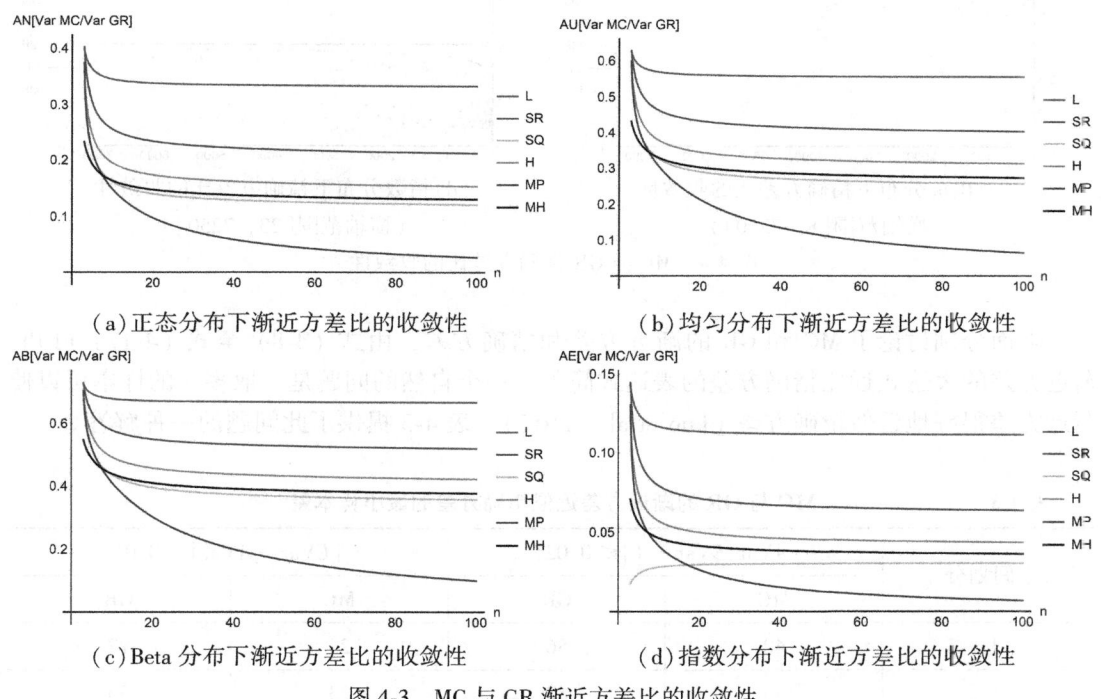

图 4-3　MC 与 GR 渐近方差比的收敛性

图 4-4 反映了在精确方差下 MC 和 GR 的有效性情况。可以看到，除了最大平面和最大六边形划分，在其他划分下，MC 和 GR 的精确方差比都收敛到 1。另一方面，为了探索现实中的空间划分与本书讨论的空间划分的关系，图 4-4 中嵌入了 184 个样本点，这些样本点的值由来自于真实世界中不规则的空间划分（Griffith，2015b）的一阶或二阶邻居数（即 S_0，S_1 和 S_2）计算所得，其中最大的一个空间划分有 7249 个子单元（因此横轴的上限值设定为 7，250）。可以看出，这些点大多落在规则格网 queen 和最大六边形划分之间。

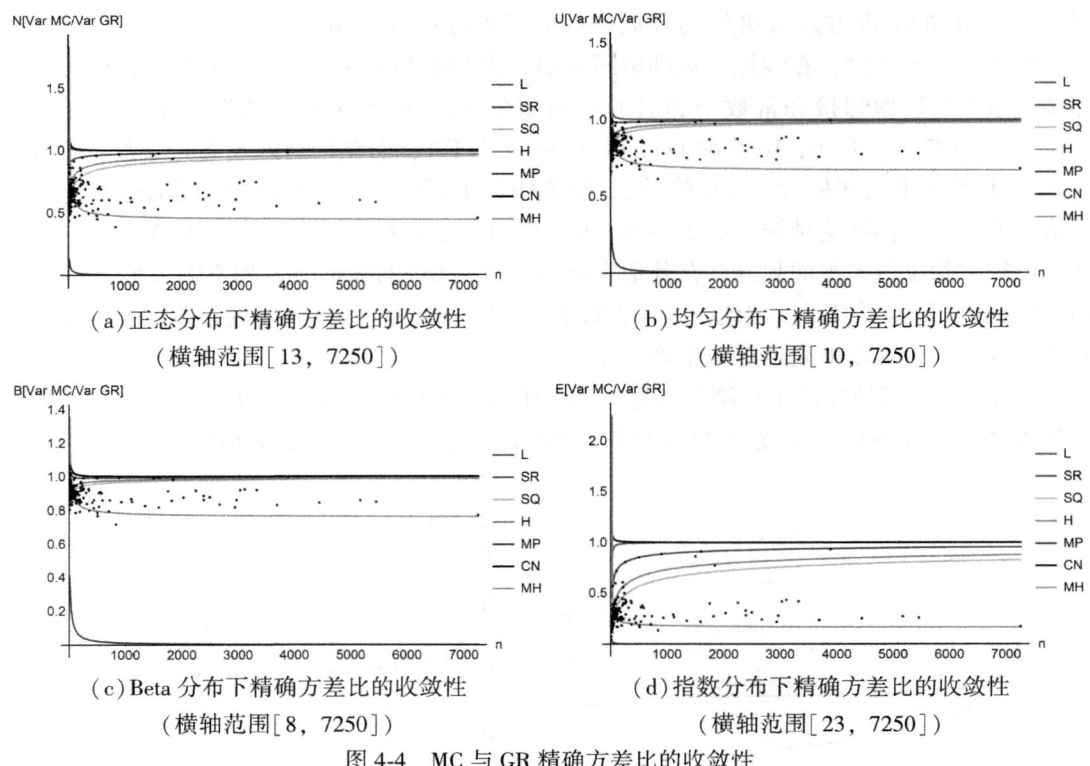

图 4-4　MC 与 GR 精确方差比的收敛性

上面分别讨论了 MC 和 GR 的渐近方差和精确方差，由式（4-8）至式（4-17）可知，渐近方差的表达式远比精确方差的表达式简单。一个自然的问题是，取多大的样本可以使渐近方差很好地近似精确方差（Luo et al.，2017）。表 4-3 提供了此问题的一种解答。

表 4-3　　　　　　　　**MC 与 GR 的渐近方差近似精确方差的最小样本量**

空间划分	$|AVar/EVar-1|\leqslant 0.025$		$|EVar-AVar|\leqslant 0.01$	
	MC	GR	MC	GR
L	42	56	23	27
C	43	83	23	35
TR	84	124	29	36
TQ	167	207	37	41
SR	88	12	36	11
SQ	161	7	37	93
H	121	7	34	72
MP	15	403	10	333
MH	157	14	34	5438

表 4-3 中的结果对应两种近似方案：一种是 $A\mathrm{Var} \in [0.975 E\mathrm{Var}, 1.025 E\mathrm{Var}]$，另外一种是 $A\mathrm{Var} \in [E\mathrm{Var} - 0.01, E\mathrm{Var} + 0.01]$。以规则格网的 Rook 邻接为例，要使 MC 的渐近方差与精确方差的差别控制在 0.01 内，至少需要 36 个样本。表中的结果还说明相较于 GR，MC 的渐近方差更适合于样本量较小的分析情景。需要注意的是，以上样本量是指自相关为 0 时的样本量，即一组样本的有效样本量（Griffith，2005）需要大于表 3-3 中的结果时，才能选用渐近方差。以格则格网的 Rook 邻接为例，如果现在有一幅 100×100 的某生态区的遥感影像，该影像 NDVI 的自相关值为 0.95，那么该图像的有效样本量在 500 左右，大于 36，因此针对该影像可以选用 MC 的渐近方差，并且也可以选用 GR 的渐近方差。

表 4-3 中的最小样本量取值都较小，因此在大多数时候，MC 和 GR 的渐近方差都是可以使用的。在这种情况下需要一个新的标准来从二者中选取其一。

4.2.3　MC 和 GR 的统计功效

Cliff 和 Ord（Cliff and Ord，1973）用模拟实验的方法比较了 MC 和 GR 的统计功效，在他们的开创性工作中共包含了六种样本量、四种空间划分。其中，规则格网 Rook 和规则格网 queen 的样本量为 12×2，4×3，5×5 以及 7×7，环状邻接的样本量为 25。另外还包含一个实例，即爱尔兰 26 个郡的空间划分图。通过实验，他们得出的结论是 MC 比 GR 具有更强的统计功效。这里使用的最大样本量是 49，在他们后来的一本著作（Cliff and Ord，1981）中，Cliff 和 Ord 引用了 Haining 的工作（Haining，1978），从而将最大样本量扩展到了 81。与 Cliff 与 Ord 将备择假设设为空间马尔科夫（Spatial Markov）模型不同，Haining 将备择假设设成了二维滑动平均（Moving Average）的空间模型，并且比较了 MC 与似然比（Likelihood Ratio）的统计功效，得出了似然比检验比 MC 检验更有效的结论。在 Haining 的此项工作发表的前一年，Bartels 和 Hordijk（1977）以三种不同的误差估计量（OLS，BLUS 和 RELUS）的形式讨论了 MC 的统计功效，除了对自相关比较极端的值（例如 0.9 和 0.1），OLS 估计量达到了最高的统计功效。Dray 设计了两种新的自相关统计量分别同时代表正的和负的自相关，并且用蒙特卡罗模拟的方法检验了这两种新的统计量和 MC 的显著性（Dray，2011），他得出的结论是：单纯的正自相关和负自相关统计量与 MC 具有相同的统计功效，但是二者合并起来的功效是大于 MC 的。

在以上介绍的研究中，作者们都使用了模拟的方法来评估不同检验统计量的统计功效。这种方法的特点是，得出来的结果是离散的（即每次实验完毕得到一个点的值），并且也都只讨论了少数几个正自相关的情况。虽然蒙特卡罗模拟由于它的灵活性和易理解性常常用于统计推断，但是它有短板，即重复上万次地生成成千上百万个随机数并使得它们与被检验的分布保持一致，依然是一个耗费时间的工作。相较之下，分析的方法显得快速许多。

1. MC 和 GR 统计功效的建立

在假设检验中，统计功效是指某种检验的"去伪"概率，即当原假设为假时拒绝原假设的概率，用数学符号表示即为 $1-\beta$，其中 β 为犯第二类错误（即接受错误的原假设）的概率。通常在进行假设检验之前会预先设定显著性水平 α，α 也称为犯第一类错误（即拒绝正确的原假设）的概率。图 4-5 描绘了假设检验的统计功效。现有原假设 $H_0: \mu_0 = 0$，

备择假设 H_1：$\mu_0 \neq 0$，假定检验统计量 Z 在原假设下的分布为标准正态分布（如图4-5关于 Y 轴对称的概率密度曲线所示），且取显著性水平 $\alpha = 0.05$，则其双边检验的临界点值为 ± 1.96，图中标准正态分布曲线两端阴影部分的区域即为拒绝域，其他区域为接受域。若实际上 Z 是服从均值为1、标准差为1的正态分布（H_1 对应的曲线），那么在 H_0 的标准正态分布下，错误地接受原假设的概率 β 为 H_1 曲线下方的阴影区域面积。于是此假设检验的统计功效为 H_1 曲线在 -1.96 左边的曲线下面积与在1.96右边的曲线下面积之和，即 $1 - \beta = S_{H_1[-1.96, -\infty)} + S_{H_1[1.96, \infty)}$。

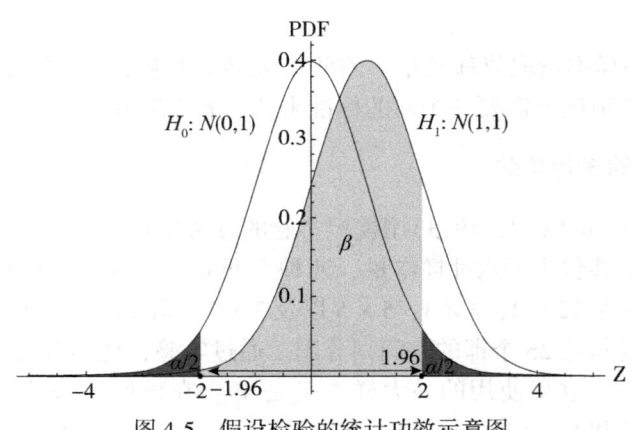

图4-5 假设检验的统计功效示意图

以上解释了统计功效的意义和表示方法，下面就空间数据是否存在空间自相关建立关于 MC 和 GR 的检验统计量。

- 步骤1：建立原假设和备择假设分别为

  H_0：不存在空间自相关，H_1：存在非零空间自相关

  设定显著性水平 $\alpha = 0.05$。

- 步骤2a：考虑 MC 检验，假设在 H_0 下有

$$\text{MC} \sim N\left(-\frac{1}{n-1}, \text{Var}_N(\text{MC})\right), \tag{4-19}$$

其中，$E(\text{MC}) = -1/(n-1)$ 为期望，$\text{Var}_N(\text{MC})$ 为兴趣变量在正态分布下 MC 的方差，即式（4-8）。于是在不存在自相关的原假设下，作 Z 检验得 $Z_{\text{MC}} = [\text{MC} + 1/(n-1)]/\sqrt{\text{Var}_N(\text{MC})}$。如果 $|Z_{\text{MC}}| < 1.96$，那么结论是接受原假设；否则，拒绝原假设。

- 步骤2b：考虑 GR 检验，假设在 H_0 下有

$$\text{GR} \sim N(1, \text{Var}_N(\text{GR})), \tag{4-20}$$

其中，$E(\text{GR}) = 1$ 为期望，$\text{Var}_N(\text{GR})$ 为兴趣变量在正态分布下 GR 的方差，即式（4-9）。在 H_0 下，Z 检验关于 GR 的值为 $Z_{\text{GR}} = (\text{GR} - 1)/\sqrt{\text{Var}_N(\text{GR})}$。同样地，

如果 $|Z_{GR}| < 1.96$，那么接受原假设；否则，拒绝原假设。

如果 H_0 为假时没有拒绝原假设，那么犯了第二类错误，这时建立统计功效的函数需要借助检验统计量的真实的分布。

- 步骤 3a：设 MC 的实际分布为

$$\mathrm{MC} \sim N(a, \mathrm{Var}_N(\mathrm{MC})), \quad a \in (-1, 1), \quad a \neq -1/(n-1), \quad (4\text{-}21)$$

现在需要计算真实分布下的临界值(Critical Value)。首先计算原假设分布式(4-19)下的临界值，$z_{cv} = \pm 1.96\sqrt{\mathrm{Var}_N(\mathrm{MC})} - 1/(n-1)$，再计算真实分布式(4-19)下的临界值 $z_{tcv} = (z_{cv} - a)/\sqrt{\mathrm{Var}_N(\mathrm{MC})}$，将 z_{cv} 代入得 $z_{tcv} = \pm 1.96 - [1/(n-1) + a]/\sqrt{\mathrm{Var}_N(\mathrm{MC})}$；令 $z_{\alpha/2} = 1.96 - [1/(n-1) + a]/\sqrt{\mathrm{Var}_N(\mathrm{MC})}$，$-z_{\alpha/2} = -1.96 - [1/(n-1) + a]/\sqrt{\mathrm{Var}_N(\mathrm{MC})}$，可得 MC 检验的统计功效为

$$1 - \beta_{\mathrm{MC}} = 1 - P(x \leq z_{\alpha/2}) + P(x \leq -z_{\alpha/2}). \quad (4\text{-}22)$$

同理可计算 GR 的统计功效。

- 步骤 3b：设 GR 的实际分布为

$$\mathrm{GR} \sim N(b, \mathrm{Var}_N(\mathrm{GR})), \quad b \in (0, 2), \quad b \neq 1. \quad (4\text{-}23)$$

现在需要计算真实分布下的临界值。首先计算原假设分布式(4-20)下的临界值，$z'_{cv} = \pm 1.96\sqrt{\mathrm{Var}_N(\mathrm{GR})} + 1$，再计算真实分布式(3-23)下的临界值 $z'_{tcv} = (z'_{cv} - b)/\sqrt{\mathrm{Var}_N(\mathrm{GR})}$，将 z'_{cv} 代入得 $z'_{tcv} = \pm 1.96 + (1-b)/\sqrt{\mathrm{Var}_N(\mathrm{GR})}$；令 $z'_{\alpha/2} = 1.96 + (1-b)/\sqrt{\mathrm{Var}_N(\mathrm{GR})}$，$-z'_{\alpha/2} = -1.96 + (1-b)/\sqrt{\mathrm{Var}_N(\mathrm{GR})}$，可得 GR 检验的统计功效为

$$1 - \beta_{\mathrm{GR}} = 1 - P(x \leq z'_{\alpha/2}) + P(x \leq -z'_{\alpha/2}). \quad (4\text{-}24)$$

如果 $1 - \beta_{\mathrm{MC}} > 1 - \beta_{\mathrm{GR}}$，那么说明 MC 比 GR 具有更强的统计功效。换言之，当原假设为假时，MC 检验比 GR 检验具有更大的概率拒绝原假设。

以上建立的统计功效是双边检验的情况，在单边检验时也可遵循以上同样的步骤，在其他条件都不变的情况下，只需将 1.96 换成 1.645，并且如果备择假设是正的空间自相关，那么只保留正态分布的右边部分(对于 GR，由于正的自相关包含在(0, 1)之间，因此需要保留的是曲线的左边部分，且-1.96 需替换成-1.645)。

2. MC 和 GR 统计功效的可视化

为了达到较好的对比效果，本书采用了 Cliff 和 Ord(1981)使用的三种空间划分——不规则、规则格网 Rook 和规则格网 Queen，以及两种样本量 25 和 81。此外，本书还做出了另外五种空间划分(线性、六边形、胎状 Rook 和 Queen、最大六边形)下的 MC 和 GR 的功效对比图。除了应用以上的功效计算函数，还需要应用 MC 与 GR 的关系表达式，以确保二者的功效图能显示在同一尺度下。图 4-6 所示为不同空间划分及样本量下的 MC 和 GR 的统计功效对比图，图中横轴为 MC 值(用 SA 表示)，纵轴为统计功效(用 Power 表示)。

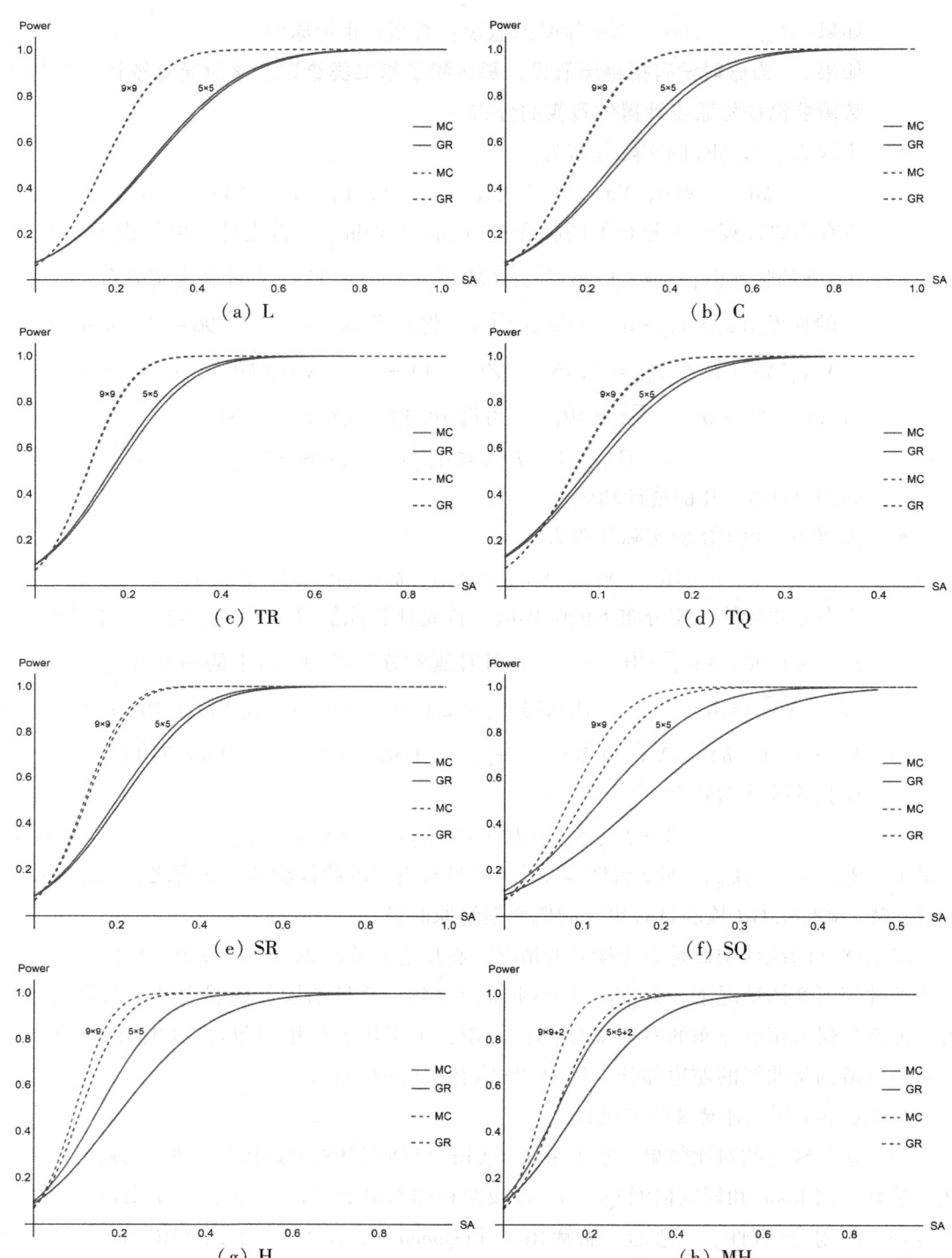

（a）线性划分；（b）环状划分；（c）胎状 Rook 划分；（d）胎状 Queen 划分；（e）规则格网 Rook 划分；（f）规则格网 Queen 划分；（g）六边形划分；（h）最大六边形划分（图中的实曲线代表 25 或 27 的样本量，虚线代表 81 或 83 的样本量）

图 4-6　不同空间划分及样本量下的 MC 和 GR 的统计功效对比图

从图 4-6 可以看出，大多数情况下（除了线性和有常数邻居的划分（a）~（d）），MC 的曲线总在 GR 曲线上面，说明 MC 的功效强于 GR；并且虚线在实线的上面，说明增加样本量可以增大统计功效。随着自相关的增强，统计功效逐渐增大到 1，并且样本量越大，增速越快。例如图 4-6(g)描绘了六边形划分下的 MC 和 GR 的统计功效，在样本量为 25 时，MC 大约在 0.4 时功效趋于 1；而在样本量为 81 时，MC 在 0.2 时功效已经逼近于 1。图 4-6 清楚地显示出，随着样本量和自相关强度的增加，统计功效趋于 1。出现这种现象的原因是，样本量的增加会使方差减小（即减小分母）；自相关的增加会使分母增大（原假设为零自相关）。

回到本小节开始前的问题：当 MC 和 GR 的渐近方差都能在较小的样本量下达到指定精度时，二者的统计功效能否作为一个选择标准？通过以上的讨论可得出结论，对于小样本量的情况，通过统计功效是可以做出选择的，但是当样本量增大时，MC 相较于 GR 的统计功效的优势消失。因此大样本量下，只能根据二者渐近方差的有效性和稳定性来作出选择。实际上，在以渐近方差为标准时，用 MC 表达自相关优于用 GR 表达。

4.3 Join Count 统计量

以上讨论的空间自相关统计量 MC 和 GR 适用于区间数据，本节讨论适用于标定或分类数据（这里特指 0-1 二元数据）的自相关统计量——Join Count Statisitcs（JCS），该类统计量的性质在 Cliff 和 Ord 的著作中有详细的讨论（Cliff and Ord，1973）。对于 0-1 数据来说，JCS 统计量分为三类：BB，WW 和 BW。其中，BB 表示两个值为 1 的单元互为邻居；WW 表示两个值为 0 的单元互为邻居；BW 表示一个值为 1 的单元和一个值为 0 的单元互为邻居。如果某一空间划分中 BB 的计数高于 BB 计数的期望，相应地，BW 的计数低于 BW 的期望计数，那么可断定研究对象在此空间中存在正自相关的现象。对于某空间划分的一个子单元来说，该单元的赋值取决于研究的现象在该单元是否发生，如果发生，则记该单元的值为 1，如果不发生，则记该单元的值为 0。

在对 JCS 最初的探索中，Cliff 和 Ord 指出了 BB 与 MC 以及 BW 与 GR 的联系，并且给出了 MC 和 BB 之间的关系式（Cliff and Ord，1973），这个关系式中包含了兴趣变量 X 的样本值，并且他们还推导出了 WW 与 BB 和 BW 之间的线性表达式。虽然 JCS 在现在的数据分析中不常用到，但是作为一类数据的代表空间统计量，它们依然值得探讨。Chun 和 Griffith 给出了在无放回采样情况下的 MC 与 BB+WW 的关系方程，以及 GR 与 BW 的关系方程（Chun and Griffith，2013）：

$$\mathrm{MC} = \frac{2n}{S_0}\left(\frac{\mathrm{BB}}{n_1} + \frac{\mathrm{WW}}{n_2}\right) - 1, \tag{4-25}$$

$$\mathrm{GR} = \frac{n(n-1)}{S_0}\frac{\mathrm{BW}}{n_1 n_2}. \tag{4-26}$$

其中，n_1 代表值为 1 的单元的个数，n_2 代表值为 0 的单元的个数，$n_1 + n_2 = n$。

式（4-26）证实了 GR 与 BW 之间的关联性，式（4-25）说明 MC 不仅与 BB 有关联，还与 WW 有关联。又因为 WW 是 BB 和 BW 的线性组合，因此 MC 最终与 BB 和 BW 关联在一起。

下面利用 4.2.3 节中的方法以及 MC，GR，JCS 之间的关系给出 GR 与 BW 统计功效的可视化图。以"无空间自相关"作为原假设，"存在空间自相关"作为备择假设，设定 α = 0.05，做双边假设检验得到如图 4-7 所示的结果。从图中可以看到，除了线性划分，在其他四种划分下，BW 的统计功效均优于 GR。

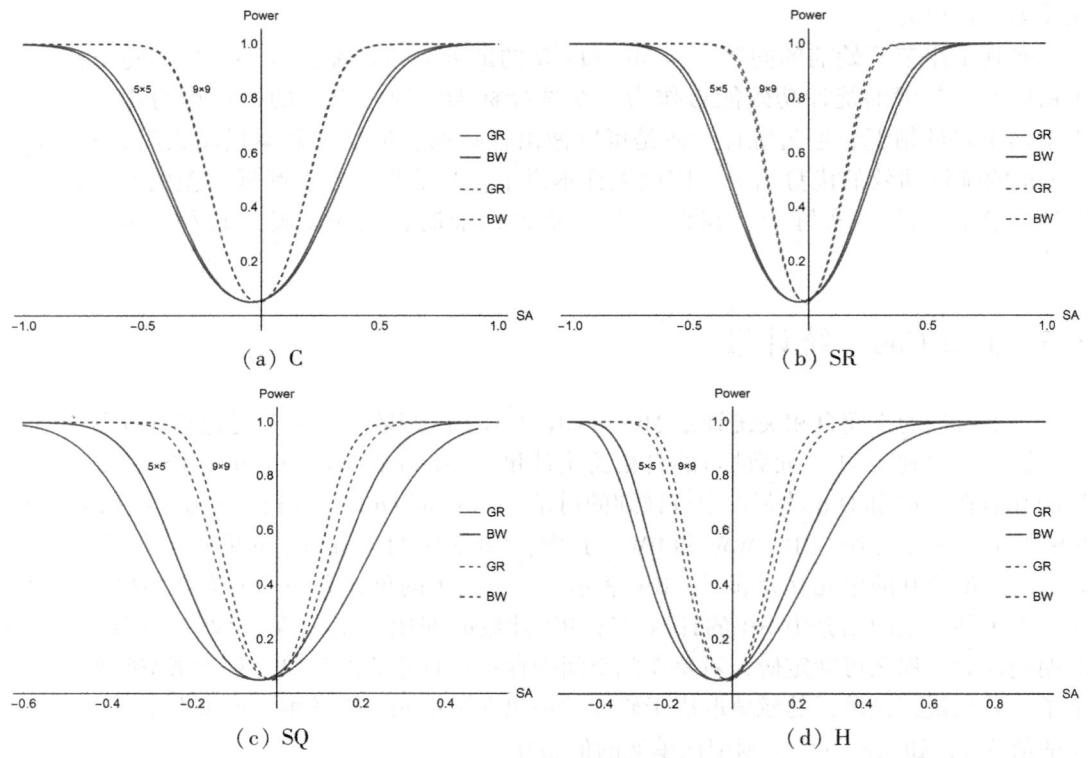

（a）环状邻接；（b）规则格网 Rook 划分；（c）规则格网 queen 划分；（d）六边形划分（图中实线代表 25 的样本量，虚线代表 81 的样本量）

图 4-7 GR 与 BW 的统计功效对比图

4.4 两个遥感影像的实例

以下利用两个实例来印证前面小节的结论。其中一个例子针对连续的随机变量，以来自 Landsat 7 Enhanced Thematic Mapper Plus(ETM+)的黄山地区遥感影像的 NDVI 为研究对象，来对比 MC 与 GR 的有效性；另外一个例子针对离散的随机变量，原始影像来源于资源三号卫星，图像内容是北京郊区的怀柔水库周边，根据有水区和无水区将影像做二值化处理，计算 JCS 的值，并且比较 MC 与 GR 的有效性。

4.4.1 连续变量的实例

本部分的例子是黄山地区的遥感影像。根据季节和影像清晰度在 USGS EarthExplore（https：//earthexplorer.usgs.gov/）网站上下载了 2002 年 10 月 8 日的一幅影像，如图 4-8 所示。该影像包含了一个由 7811×7051（$n=55075361$）个像素组成的矩形区域，波段组成为 B1~B8，其中，B1~B7 有 30m 的空间分辨率，B8 有 15m 的空间分辨率。由于原始影像周围含有无值区域（即四周黑色区域），并且影像的边界参差不齐，因此只截取中间部分区域作为最终的研究区域（图 4-8 矩形框中的区域），该子区域包含有 5140×4754（$n=24435560$）个像素。

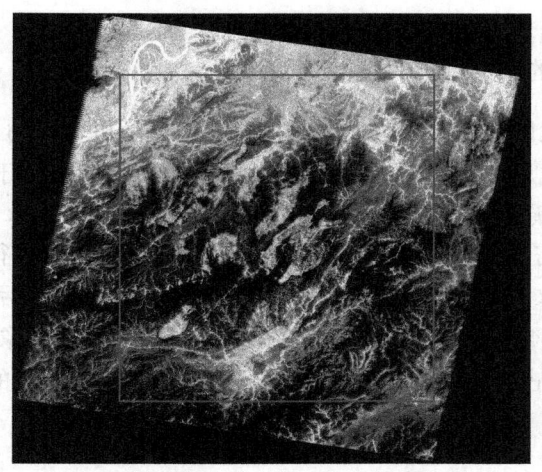

图 4-8 黄山地区遥感影像图（矩形框中的区域为研究区域）

计算图 4-8 中矩形框内区域的 NDVI（服从混合正态分布，如图 4-9 所示），以此为研究对象、以 SR 邻接为准则构造研究区域的权重矩阵计算 MC，GR，并以零空间自相关为原假设、显著性水平取 0.05 作假设检验得到表 4-4 中的结果。

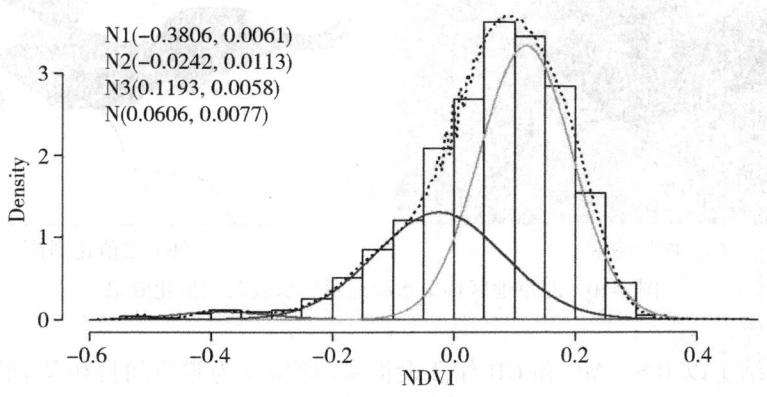

图 4-9 黄山地区遥感影像 NDVI 分布图

表 4-4　　黄山遥感影像选定区域的 NDVI 的有关计算结果

	计算值	期望	方差	Z 值	渐近方差值	精确方差比	渐近方差比	统计功效
MC	0.9294	-4.0924×10^{-8}	2.0466×10^{-8}	6496.4809	2.0466×10^{-8}	0.9999	0.2000	1
GR	0.0705	1	2.0470×10^{-8}	6496.7667	1.0232×10^{-7}			1

可以看出，研究区域的 NDVI 呈高度的正自相关（MC 和 GR 的值分别为 0.93 和 0.07），并且 Z 值提示拒绝原假设；MC 和 GR 的渐近方差比为 0.2，与表 4-2 中的结果吻合，说明在分析此遥感影像数据时，MC 比 GR 更有效。另外，二者的统计功效在如此庞大的样本量下均为 1。

4.4.2　二元离散变量的实例

上一小节的黄山地区遥感影像的例子是针对连续型随机变量的，本节利用北京地区怀柔水库遥感影像二值化后的例子来说明 JCS 的表现。该影像来源于天地图（http://www.tianditu.cn/），是由资源三号卫星于 2010 年夏季拍摄的一幅 6843×7895（$n=54025485$）的 RGB 图像。为了分析需要，根据研究地区是否有水将原始图像进行二值化处理——有水的像素值设为 1，无水的像素值设为 0。在进行了这样的处理后，有水的像素分出来 8048382 个（即 $n_1=8048382$），占整幅图像的 14.90%；无水的像素分出来 45977103 个（即 $n_2=45977103$），占整幅图像的 85.10%。图 4-10 显示了库区的原始影像和二值化处理后的图像。

（a）原始图像

（b）二值化图像

图 4-10　北京地区怀柔水库遥感影像及其二值化效果

表 4-5 总结了以 JCS，MC 和 GR 作假设检验（原假设为零空间自相关）的结果。其中，JCS 是无放回采样下的结果，MC 和 GR 是在规则格网的 Rook 划分下的结果。BB 和 WW

明显大于它们各自的期望，BW 明显小于它的期望——说明要拒绝空间自相关为零的原假设。并且，MC 和 GR 的值都非常逼近于它们表示正自相关的最大值(MC 的为 1，GR 的为 0)，在这个例子下，MC 的渐近方差依然比 GR 的渐近方差有效。各统计量的功效几乎均为 1。另外，表中的 JCS，MC 和 GR 的值以及以上 n_1 和 n_2 值可以印证式 (4-25) 和式 (4-26)。

表 4-5　　　　　　　二值化的怀柔库区遥感影像自相关的有关计算结果

	计算值	期望值	方差	Z 值	渐近方差	精确方差	渐近方差比	统计功效
MC	0.9969	-1.8510×10^{-8}	9.2562×10^{-9}	1.0362×10^{4}	9.2562×10^{-9}	0.9999	0.2000	1
GR	0.0032	1	9.2574×10^{-9}	-1.0361×10^{4}	4.6277×10^{-8}			1
BB	16052502	2397669	1736584	1.0362×10^{4}	—			1
WW	91895211	78244764	1739205	1.0351×10^{4}	—			
BW	88519	27393799	6947846	-1.0359×10^{4}	—			1

4.5　本章小结

在空间统计发展的早期，由于计算以及数据获取条件的限制，空间数据分析者们大多聚焦于样本量偏小或者适中的数据集。但是近些年随着计算机技术的飞速发展以及数据搜集成本的大大降低，"大数据"成了一个炙手可热的话题。在这种背景下，本章探讨了空间统计量在中小样本量时的性质是否可以推广到海量数据的情形，具体的落脚点是 MC 和 GR 应用于空间数据的有效性和统计功效。主要结论有两点：就二者的渐近方差而言，MC 比 GR 更有效，但是就精确方差而言，MC 只在理论构造的空间划分(即最大平面和最大六边形划分)下比 GR 有效(这个发现改变了我们对于二者的认识)；与样本量小时的情形不同，MC 和 GR 的统计功效在海量的数据下均趋于 1，并且这种趋于 1 的趋势也和自相关强度有关。具体的发现有：①MC 的渐近方差比 GR 的渐近方差更稳定，即在兴趣变量不同的分布假设下，MC 的渐近方差是不变的，而 GR 的渐近方差由分布的峰度决定(见定理 4)；②通过计算现实数据(含 184 个样本)的有效性发现，真实的地理划分处于最大六边形和规则格网 Queen 划分之间；③MC 和 GR 是单调递减的线性关系；④MC 并不是在所有可能的空间划分下都比 GR 具有更强的统计功效，比如在线性和环状划分下，GR 比 MC 更有效；并且在样本量大的情况下，二者的统计功效都趋于 1。这些关于渐近方差、有效性、统计功效在大样本量下和各种空间划分下的结果对海量空间数据分析具有很好的指导作用。

另外，本章给出了一种统计功效的可视化方法，与常用的蒙特卡罗模拟比起来，这种分析方法得到的图像更加光滑和美观，并且对于大样本量的情形能够很快地得出结果而免去了大量重复生成样本的过程，极大地节省了计算时间。另一方面，4.3 节对于 JCS 的讨论表明，MC 与 JCS 的相通性需要 BB+BW 来共同表达，而不应该只利用 BB 来表达。GR 与 BW 的统计功效的结果说明，在规则格网的 Rook 和 Queen 邻接以及六边形邻接下，BW 比 GR 更有效。

最后，需要特别指出的是，本章的关注点在于海量空间数据下的经典空间统计量的统计性质上，而不在于大样本量导致的无意义的显著性结果上，对于后者，第 5 章中将会有详细的讨论。无论是对于中小样本量空间数据还是对于大样本量空间数据，以上统计量的计算和对空间自相关是否存在的检验是进行数据分析的第一步也是不可缺少的一步，因为这些统计量描述了空间数据的分布或者结构特点，为下一步的统计建模提供了重要的信息。本章讨论的是全局空间自相关统计量，除此之外，全局自相关也可以从自回归模型的角度来解释。例如，MC 对应着 SAR 模型中的自相关参数 ρ，自相关参数在模型中代表了未被考虑进模型的具有空间结构的自变量。

总之，空间自相关的问题可以从多种角度来讨论，本章的角度是全局自相关统计量。在当今火热的大数据分析背景下，讨论基本空间统计量在大样本量和不同空间划分下的统计性质，可以为研究者选择合适的自相关统计量进行空间数据分析提供依据。

第5章 非零空间自相关参数的统计分布：以 SAR 模型为例

在进行空间数据分析时，利用描述性空间统计量来探索数据的聚集特点（或者分布特点）往往是分析的第一步，第二步是根据第一步的结果选择合适的空间模型来探索多个变量之间的关系。SAR 是空间统计中使用最广泛的一类模型，同时也在其他领域（如生态学）中有着广泛的应用（Kissling and Carl, 2008）。将式（2-1）中的误差项代入主式并作适当的等价变换可得 SAR 的另外一种形式：

$$Y = \rho WY + (I - \rho W)X\beta + \varepsilon, \quad \varepsilon \sim MVN(0, \sigma^2 I). \tag{5-1}$$

其中，各变量与参数的含义与 2.1.5 节中的定义相同。在式（5-1）中，由于因变量 Y 出现在方程的两边，所以回归模型称为自回归模型（AutoRegressive Model）；如果将矩阵的形式分开来，写成各自对应的分量，那么就会同时出现 n 个形式一模一样的方程——这就是同步（Simultaneous）自回归模型名称的由来。

不失一般性，当式（5-1）中的 X 只包含常数项（即不包含任何自变量）时，SAR 退化成了纯自相关（Pure SAR，PSAR）的表达形式，即

$$Y = \rho WY + \beta_0 (I - \rho W)\mathbf{1} + \varepsilon, \quad \varepsilon \sim MVN(0, \sigma^2 I). \tag{5-2}$$

其中，$\mathbf{1}$ 为元素全为 1 的 $n \times 1$ 维列向量，式（5-2）称为 PSAR 模型。对于 PSAR 模型来说，空间误差模型与空间滞后模型是等价的。以下所采用的模型为 PSAR 模型。

本章的 5.1 节讨论 SAR 模型自相关参数的原假设，指出以零空间自相关为原假设的不合理性，并且建立新的更贴近实际空间数据特性的原假设。5.2 节简述本章所用的 SAR 模型参数估计法，以及使用这种估计法的合理性。5.3 节在 5.2 节的基础之上给出自相关参数估计量的非零抽样分布，并用蒙特卡罗模拟实验验证结果。5.4 节给出两个案例，其中一组是模拟生成的数据，代表零空间自相关；另外一组是实际的例子——截取的图 4-8 中的黄山地区的遥感影像数据，代表强自相关现象。5.5 节将总结本章的内容。

5.1 关于 SAR 模型自相关参数原假设的讨论

当前绝大部分研究中对空间自回归模型的自相关参数的原假设设定均为零空间自相关，即 $H_0: \rho_0 = 0$，而现实中的数据大多存在空间自相关，这就造成了这种原假设的不合理性。但是要建立非零自相关的原假设的前提是得出非零参数的抽样分布，对于 ρ，建立非零统计分布的难点在于建立 ρ 的方差的抽样分布。本节先就 SAR 模型空间自相关参数合理性原假设的问题作出讨论。

5.1.1 原假设 $H_0: \rho_0 = 0$ 的不合理性讨论

空间数据是指具有地理位置信息或者相对位置信息的数据，由 Tobler 地理学第一定律"越临近越相关"可知，空间自相关在空间数据中是普遍存在的现象。由于数据涉及位置信息的学科众多（如图 1-4 所示），因此空间自相关不仅仅是地理学中的特有现象，一切包含有位置信息的研究都需要空间分析/统计的方法。例如，物种分布数据往往存在不同程度的空间自相关（Dormann and Wilson, 2007；Alves et al., 2020；Mushagalusa et al., 2024），遥感影像数据根据分辨率的不同会表现出不同的自相关水平（Spiker and Warner, 2007；Guo et al., 2020a；Zhang et al., 2021），社会经济类数据也存在很强的区域效应（Lesage and Kelly Pace, 2009；Griffith et al., 2022a；Griffith et al., 2022b），等等。

图 5-1 表现了随着 ρ 偏离零点越来越远，ρ 的分布越来越偏离零点的正态分布，并且变得越来越窄——即方差越来越小（Luo et al., 2018）。这时对存在自相关的数据，如果依然设置原假设为 $H_0: \rho_0 = 0$，那么当计算 $(\rho - \rho_0)/\sqrt{\mathrm{Var}(\rho_0)}$（即 Z 得分）时，Z 值会随着 ρ 值的增大，出现比实际值偏小的结果（这是因为 $\sqrt{\mathrm{Var}(\rho_0)}$ 比 $\sqrt{\mathrm{Var}(\rho_0')}$ 大，而实际上 $\sqrt{\mathrm{Var}(\rho_0')}$ 应该出现在分母的位置上，这里 ρ_0' 是合理的原假设值），因此更容易拒绝原假设，使犯第一类错误的概率增大。所以对于含有不同程度自相关的空间数据，不加区分地设定 $H_0: \rho_0 = 0$ 是不合理的。

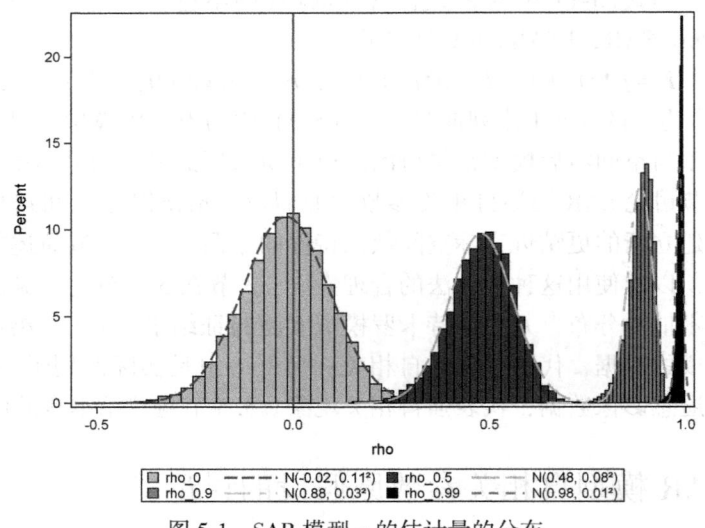

图 5-1 SAR 模型 ρ 的估计量的分布
（以 ρ 的真实值为 0, 0.5, 0.9 以及 0.99 为例）

5.1.2 合理的原假设设定

对于绝大部分包含空间自相关的数据，千篇一律地设定零自相关的原假设是不合理的，接下来的问题是合理的原假设应该如何设定。回答此问题之前，有必要了解空间数据的自相关程度的特点。

如第 4 章的讨论，大多数空间数据分析的第一步是用 MC 来量化自相关程度，而 MC 的常用范围在 −1 到 1 之间，负的 MC 值表示负的自相关（相异值聚集），正的 MC 值表示正的自相关（相似值聚集）。在实际的研究问题中，负相关的情况相对正相关的情况少见许多，因此很多研究者（Banks and Peakall，2012；Aldstadt and Getis，2006；Bardos et al.，2015；Hao and Liu，2016；Peakall et al.，2016；Griffith，2011）讨论的自相关是针对正的情况，即 MC $\in (0, 1)$。对于非负的自相关（以 MC 的值为例），在很多情况下，0 ~ 0.1 表示不显著的自相关，0.1 ~ 0.3 表示低程度的空间自相关，0.3 ~ 0.5 表示中等偏低的自相关，0.5 ~ 0.8 表示中等偏高的自相关，0.8 ~ 1 代表强自相关。总结对实际空间数据的研究文献可以发现，社会经济、人口类数据常常呈现出中等强度的自相关——在 0.4 至 0.7 之间波动（Qiu et al.，2010；Oliveau and Guilmoto，2005；Frank，2002），遥感影像类数据大多呈现高度的空间自相关——多在 0.8 或者 0.9 以上（Das and Ghosh，2016；Wulder and Boots，2001；Emerson et al.，2005）。

因此，对于获得的数据，可以根据实际情况设定相应的原假设。本章针对高度自相关设定了 ρ_0 的对应值来作为原假设。在具体给出 ρ_0 的值之前，需要说明在不同的空间划分下，MC 和 ρ 之间的关系。虽然本章涉及的案例为非负自相关，但对于负自相关，本章的结果依然适用。

1. 空间划分

与第 4 章空间划分的设定不同，本章的讨论建立在更具现实意义的三种划分之上：规格格网的 Rook 和 Queen 划分以及六边形划分。为了查阅的方便起见，图 5-2 重新展示了这三种划分的示意图。其中，Rook 和 Queen 的划分经常出现在 GIS 空间分析软件或工具包（如 ArcGIS，R 中的 spedep 包（Bivand，2018））中，并且随着遥感影像（栅格数据）的应用越来越普遍，规则格网的划分也越来越多地被使用到；对于六边形划分，它不仅在空间抽样的情形下经常被用到，而且作为离散化地表的有力工具，也被用来构建地表的格网覆盖，如 ISEA3H 系统（Sahr et al.，2003）。另一方面，由图 4-4 可知，实际中的不规则划分通常处于规则格网 Queen 和最大六边形之间，因此在这三种划分下得到的结果也可用来作为不规则划分下结果的参考。依然设研究区域有 n 个子单元，在规则的情况下，设 $n = P \times Q$，其中 P 为行数，Q 为列数。对于图 5-2 中的三种空间划分，空间邻接矩阵的维数为 $n \times n$。

2. MC 与 $\hat{\rho}$ 的关系

MC 是进行空间数据分析时最常用的空间统计量，可以看作空间统计范畴的"描述性"统计量。从模型的角度，SAR 模型中的空间自回归系数 ρ 是与 MC 具有相同作用的参数。虽然二者都量化了兴趣变量自相关的强度，但是它们却并不是等价的——一个明显的表现是，相同数值的 MC 和 ρ 的值并不代表相同强度的空间自相关。例如，MC = 0.5 表示中等强度的自相关，但是 $\rho = 0.5$ 却并不代表中等强度的自相关，事实上，$\rho = 0.5$ 只能表示较弱的自相关，因此二者不能混用（Li et al.，2007）。Griffith 指出 $\hat{\rho}$ 和 MC 关系曲线是一条类似于逻辑回归（logistic regression）的"S"型曲线（Griffith，2003，p33-34），本部分将继续探讨它们之间的关系，并且给出以上三种划分下二者的关系表达式。

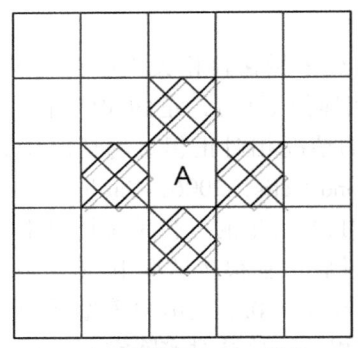 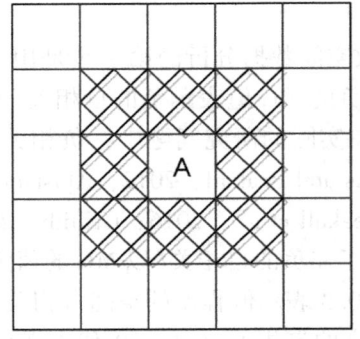 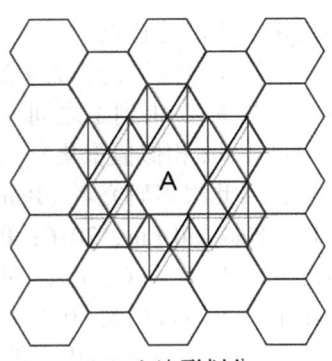

（a）规则格网 Rook 划分　　（b）规则格网 Queen 划分　　（c）六边形划分

图 5-2　实际应用中常见的空间划分

由 2.1.3 节的设定知，给定一个空间划分就可以确定一个空间邻接矩阵 C，C 的中心化形式 MCM（M 为投影矩阵 $(I - 11^T/n)$）与 MC 的值和 ρ 在 PSAR 中的估计值密切相关。de Jong 等（de Jong et al., 1984）指出 $MC_{extreme} = (n/1^T C1)\lambda_{extreme}$，其中，$\lambda$ 为矩阵 MCM 的特征根，λ 的最小值对应于 MC 的最小值，λ 的最大值对应于 MC 的最大值。此等式限制了 MC 的取值范围，因此可以利用 MCM 的特征值来生成 MC 的样本值，

$$MC_i = \frac{n}{1^T C1}\lambda_i, \quad i = 1, 2, \cdots, n. \tag{5-3}$$

将特征值 λ 排序，使得 $\lambda_1 \geq \lambda_2 \geq \cdots \geq \lambda_n$，对应的 ρ 值可由如下形式的 PSAR 模型估计，

$$E_i = \rho W E_i + \beta_0 (I - \rho W)1 + \varepsilon, \quad i = 1, 2, \cdots, n. \tag{5-4}$$

其中，$E = (E_1, E_2, \cdots, E_n)$ 为 MCM 的特征向量矩阵，E_i 为对应于特征值 λ_i 的特征向量 ($i = 1, 2, \cdots, n$)。由式 (5-3) 和式 (5-4) 可知，MCM 的第 i 个特征值 λ_i 对应于 MC_i；MCM 的第 i 个特征向量 E_i（在式 (5-4) 中，$E_i (i = 1, 2, \cdots, n)$ 是作为因变量出现的）对应于 $\hat{\rho}_i$。图 5-3 说明了 MC 与 $\hat{\rho}$ 是如何通过 MCM 联系在一起的。

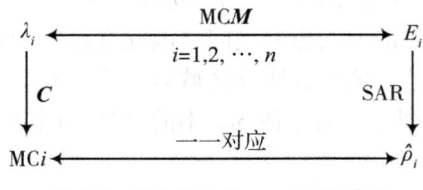

图 5-3　MC 与 $\hat{\rho}$ 的一一对应关系

为了得到 MC 与 $\hat{\rho}$ 确切的对应关系，对于以上三种空间划分（即规则格网 Rook 和 Queen 以及六边形划分）分别进行 14 组实验，每组实验对应于不同的样本量，这里样本量的取值从 25 到 4900（即 $n = 5 \times 5$，10×10，$\cdots$，60×60，65×65，70×70，行和列的数量每次以 5 递增）。不同划分的 $\hat{\rho} \sim MC$ 表达式略微不同（Luo et al., 2018），结果总结在表 5-1 中。其中 e 表示自然对数的底数，λ_{min} 为行标准化邻接矩阵 W 的最小特征值[①]。

---

① 对于 SR，λ_{min} 约为 -1；对于 SQ，λ_{min} 约为 -0.53；对于六边形划分，λ_{min} 约为 -0.57。

第5章 非零空间自相关参数的统计分布：以 SAR 模型为例

表 5-1 $\hat{\rho}$ 与 MC 的理论关系式

空间划分	方程形式	参数估计值
规则格网 Rook	$\hat{\rho} = \dfrac{a}{1+e^{b\cdot MC+c}} + \dfrac{d}{\lambda_{min}}$	$\hat{a}=2,\ \hat{b}=-8,\ \hat{c}=0,\ \hat{d}=1$
规则格网 Queen	$\hat{\rho} = \dfrac{a}{1+e^{|MC+b|}} + \dfrac{d}{\lambda_{min}}$	$\hat{a}=5.8,\ \hat{b}=-0.96,\ \hat{c}=8,\ \hat{d}=1$
六边形划分		$\hat{a}=5.5,\ \hat{b}=-0.96,\ \hat{c}=6.7,\ \hat{d}=1$

图 5-4（a1~c1）给出了样本量为 4900 时的曲线拟合图。图中的观察值由式（5-3）和式（5-4）计算或者估计所得，拟合的曲线由表 5-1 中的方程计算所得。横轴为 MC 的值，纵轴为 ρ 的值（这里的 ρ 值既表示 SAR 的参数估计值 $\hat{\rho}$，也表示通过 MC 计算所得的值 $\hat{\rho}_{MC}$）。对于规则格网的 Rook 划分，MC 的值处于 [-1, 1] 之间，ρ 的值处于 (-1, 1) 之间；对于规则格网 Queen 和六边形划分，MC 的值在区间 (-0.51, 1] 中，ρ 的值分别处于区间 (-1.90, 1) 和 (-1.74, 1) 中①。可以看到，无论对于规则的格网 Rook 和 Queen，还是六边形划分，观察值曲线和拟合值曲线都叠合得很好——说明表 5-1 中的理论关系式具有很高的精确性。这种精确性也可由图 5-4（a2~c2）量化说明，直线图表现了三种划分下 $\hat{\rho}$ 对 $\hat{\rho}_{MC}$ 的回归，所有的决定系数 R^2 几乎都等于 1。

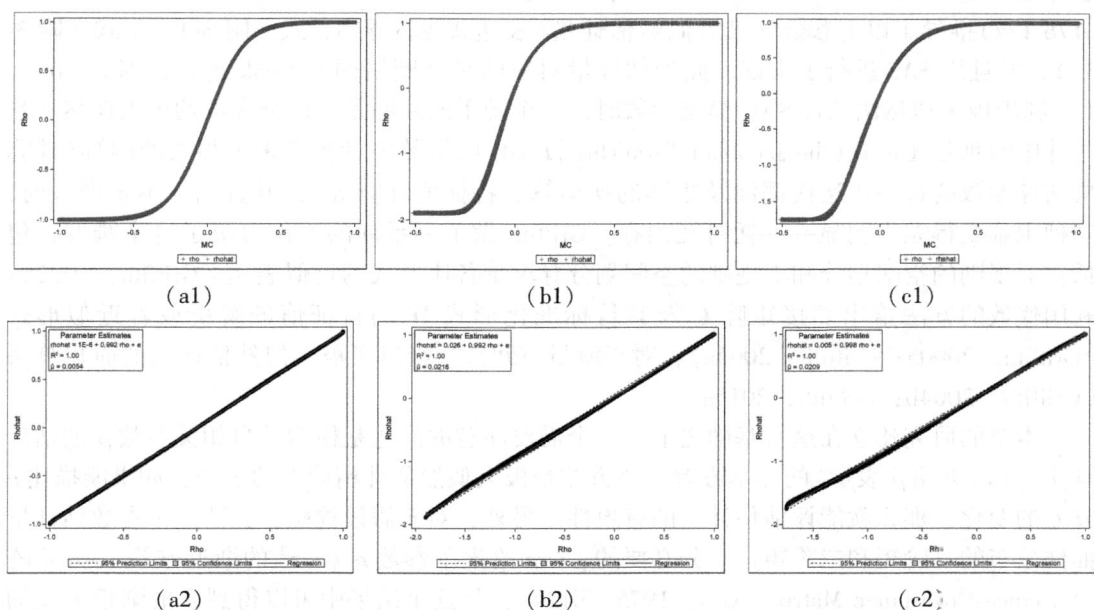

（a1）~（a2）规则格网 Rook 下的拟合情况；（b1）~（b2）规则格网 Queen 下的拟合情况；（c1）~（c2）六边形划分下的拟合情况

图 5-4 MC 对 ρ 值的拟合效果图（$n = 4900$）

---

① 这些 ρ 值的区间证实了 $\lambda_{min}^{-1} < \hat{\rho} < \lambda_{max}^{-1}$，其中 λ_{min} 和 λ_{max} 分别为矩阵 W 的最小和最大特征根。

由表 5-1 和图 5-4 可知，$\hat{\rho}$ 与 MC 的关系曲线类似于逻辑回归的曲线。具体的表现为：微小的 MC 值对应于微小的 $\hat{\rho}$ 值（这里微小的值相当于接近于 0 的值），随着 MC 值的增加（减小），$\hat{\rho}$ 值呈陡然的上升（下降）趋势。例如当 MC 的值不足 0.5 时，对应的 $\hat{\rho}$ 值就已经超出了 0.8；相反，当 $\hat{\rho}$ 的值在 0.5 左右时，对应的 MC 的值在 0.2 左右。所以 $\rho = 0.5$ 只能表示弱的自相关。因此对于相关性在 0.4~0.7 之间的社会经济/人口数据，对应的 ρ 的范围在 0.65~0.9（类似的问题 Bartlett（Bartlett，1975）（2.2.1 节）也有过讨论），此时中等程度相关性的原假设 ρ_0 可在 [0.7，0.85] 之间取值。对于强相关的数据，原假设 ρ_0 可在 [0.9，1) 之间取值，在本章的黄山地区遥感影像的例子中，原假设为 $\rho_0 = 0.95$。

以下讨论非零原假设下的检验统计量的分布。作为整个过程中至关重要的一步，SAR 模型参数估计的方法有必要先行说明。

5.2 SAR 模型的参数估计方法

在 SAR 模型中，给出模型的误差假设 $\varepsilon \sim MVN(\mathbf{0}, \sigma^2 \mathbf{I})$，需要估计的参数有 ρ，$\boldsymbol{\beta}$（对于 PSAR，$\boldsymbol{\beta}$ 即为 $\boldsymbol{\beta}_0$）和 σ^2。因为 ρ 的最小二乘估计（Least Square Estimator）往往是不一致（Inconsistent）[①]的，并且即使选定一个辅助矩阵（Auxiliary Matrix）来作修正，估计量往往依然不如极大似然估计有效（Ord，1975，p122），所以极大似然法是估计 ρ 的常用方法（Cliff and Ord，1973；Cliff and Ord，1981；Cressie，1993）。Griffith（Griffith，1988，p176-177）推导了以上参数的极大似然估计量（表达式见附录 3，式（附 3-1）至式（附 3-3）），并且用 SAS 进行了实现，此种估计量对应的是规则格网的 Rook 划分，因此 $|\rho| < 1$。利用极大似然法估计 SAR 模型参数时，一个棘手的问题是，模型参数的极大似然参数估计中的雅各比形式（the Jacobian Term）$\ln(|\mathbf{I} - \rho \mathbf{W}|)$ 给数值计算带来了很大的困难（计算机估计参数的每一步迭代都涉及矩阵的逆运算、特征值计算等），并且当样本量增大时，这种困难变得尤为明显——耗时耗内存。Griffith 做了一系列的工作解决了这个难题，包括：对规则的空间划分和不规则的空间划分寻求雅各比形式的近似表达（Griffith，1992）；利用代数的方法给出邻接矩阵 $\mathbf{C}$ 及其行标准化形式 $\mathbf{W}$ 的特征值的解析或者近似形式（Griffith，2000a；Griffith，2004a）；对于海量空间数据给出了极大似然估计量的简化算法（Griffith，2004b；Griffith，2015a）。

本章的研究建立在这些基础之上。一个需要注意的问题是模型的自相关参数 ρ 的估计量 $\hat{\rho}_{SAR}$（以下用 $\hat{\rho}$ 表示）的样本方差，该方差是极大似然估计精确性的表征，如果能描述 $\hat{\rho}$ 方差的变化，那么就能评估估计量的有效性。另外，对于假设检验，弄清一个参数估计量抽样分布的一阶矩和二阶矩是十分必要的。Ord 给出了参数 ρ 和 σ^2 的渐近方差-协方差阵（Variance-Covariance Matrix）（Ord，1975，p124），从这个结果中可以得到 $\hat{\rho}$ 的渐近方差的近似表达，这也为本章的工作奠定了基础。

除了极大似然估计法，用于估计 SAR 模型参数的方法还有广义矩方法（Generalized Method of Moments，以下简称 GMM）（Kelejian and Prucha，1999；Kelejian and Prucha，

[①] 估计量的一致性是指，当样本量增大时，参数的估计值逐渐趋近于真实值。

2010)。GMM 最初由美国经济学家 Hansen 提出（Hansen，1982），它是一般化的矩估计法。GMM 的原理是利用样本数据形成一定的矩条件，使得这些矩条件的样本平均在某个范数下达到最小值。广义矩方法较极大似然估计法的优点是：不用知道具体的分布函数，且对于大样本量数据，能够快速得出结果。应用于 SAR 模型的矩方法的特点是，将空间邻接矩阵纳入矩条件的设定中。Walde 等（Walde et al., 2008）对广义矩方法和极大似然估计法做了深入的对比，得出的结论是，对于大样本量的空间模型，广义矩比极大似然具有更好的性能，具体表现为广义矩可以更直接地计算自相关参数 ρ 的标准差（p164）。本章在极大似然估计的基础之上，建立了计算 $\hat{\rho}$ 方差的方程，从而消除了 GMM 对于 MLE 的优势。

5.3 SAR 模型空间自相关参数估计量的抽样分布

通过前面的讨论可知，建立自相关参数估计量抽样分布的难点在于描述（或捕捉）自相关参数估计量方差的抽样分布。本节就此问题展开讨论。

自相关参数估计量的方差之所以重要是因为它量化了估计方法的不确定性。在对空间自回归模型进行参数估计的讨论中，Ord 给出了 ρ 和 σ^2 的渐近方差-协方差矩阵（Ord，1975），如式（5-5）所示：

$$V(\sigma^2, \rho) = \sigma^2 \begin{pmatrix} \dfrac{n}{2\sigma^2} & \mathrm{tr}(\boldsymbol{B}) \\ \mathrm{tr}(\boldsymbol{B}) & \sigma^2 \mathrm{tr}(\boldsymbol{B}^\mathrm{T}\boldsymbol{B}) - \alpha_0 \sigma^2 \end{pmatrix}^{-1}. \quad (5\text{-}5)$$

其中，$\boldsymbol{B} = (\boldsymbol{I} - \rho \boldsymbol{W})^{-1} \boldsymbol{W}$，$\alpha_0 = -\sum_{i=1}^{n} \lambda_i^2 / (1 - \rho \lambda_i)^2$，$\lambda_i$ 是矩阵 $\boldsymbol{W}$ 的第 i 个特征值，"tr" 代表矩阵的迹（即对角线元素的加和），"T" 表示矩阵的转置运算。对式（5-5）做矩阵的运算可得 $\hat{\rho}$ 方差的渐近表达 $\mathrm{Var}(\hat{\rho})_{\mathrm{asy}} = (n/2)/\Delta$，其中，

$$\Delta = \begin{vmatrix} \dfrac{n}{2\sigma^2} & \mathrm{tr}(B) \\ \mathrm{tr}(\boldsymbol{B}) & \sigma^2 \mathrm{tr}(\boldsymbol{B}^\mathrm{T}\boldsymbol{B}) - \alpha \sigma^2 \end{vmatrix},$$

即 $\Delta = (n/2)\mathrm{tr}(\boldsymbol{B}^\mathrm{T}\boldsymbol{B}) + (n/2) \sum_{i=1}^{n} \lambda_i^2/(1 - \rho \lambda_i)^2 - [\mathrm{tr}(\boldsymbol{B})]^2$，代入即得

$$\mathrm{Var}(\hat{\rho})_{\mathrm{asy}} = \dfrac{1}{\mathrm{tr}(\boldsymbol{W}^\mathrm{T}(\boldsymbol{I} - \rho \boldsymbol{W}^\mathrm{T})^{-1}(\boldsymbol{I} - \rho \boldsymbol{W})^{-1}\boldsymbol{W}) + \sum_{i=1}^{n} \dfrac{\lambda_i^2}{(1 - \rho \lambda_i)^2} - \dfrac{2}{n}[\mathrm{tr}((\boldsymbol{I} - \rho \boldsymbol{W})^{-1}\boldsymbol{W})]^2}.$$

(5-6)

式（5-6）的计算依然包含了矩阵的逆、求特征值等运算，这些运算对于数值计算来说并不易操作。虽然在许多情况下，可以利用矩阵的各种分解式来进行数值运算，但是对图 5-2 的三种划分，本节将给出更加简便的表达方式。这些表达只包含样本量 n 以及矩阵 $\boldsymbol{W}$ 的极大极小特征值。特别地，对于 $\rho = 0$ 时的情况，式（5-6）的简化形式只包含空间划分的行数 P 和列数 Q。

5.3.1 $\hat{\rho}$ 的方差在零点的抽样分布

当 $\rho = 0$ 时，式 (5-6) 变为 $\mathrm{Var}(0)_{asy} = 1/\left[\mathrm{tr}(\boldsymbol{W}^\mathrm{T}\boldsymbol{W}) + \sum_{i=1}^{n}\lambda_i^2\right]$。考虑到 $\boldsymbol{W} = \boldsymbol{D}^{-1}\boldsymbol{C}$（其中 $\boldsymbol{D}$ 为一个对角阵，其对角线上元素为二元邻接矩阵 $\boldsymbol{C}$ 的各行和），$\boldsymbol{C}$ 和 $\boldsymbol{D}$ 均为方阵，并且 $c_{ij}^2 = c_{ij}$，所以 $\mathrm{tr}(\boldsymbol{W}^\mathrm{T}\boldsymbol{W}) = \mathrm{tr}(\boldsymbol{C}^\mathrm{T}\boldsymbol{D}^{-1}\boldsymbol{D}^{-1}\boldsymbol{C}) = \mathrm{tr}(\boldsymbol{C}^2\boldsymbol{D}^{-2}) = \sum_{i=1}^{n}\sum_{j=1}^{n}\dfrac{\sum_{j=1}^{n}c_{ij}^2}{\left(\sum_{j=1}^{n}c_{ij}\right)^2} = \sum_{i=1}^{n}\dfrac{1}{\sum_{j=1}^{n}c_{ij}}$。所以 $\hat{\rho}$ 在零点的渐近方差为

$$\mathrm{Var}(0)_{asy} = \dfrac{1}{\sum_{i=1}^{n}\dfrac{1}{\sum_{j=1}^{n}c_{ij}} + \sum_{i=1}^{n}\lambda_i^2}. \tag{5-7}$$

表 5-2 给出了式 (5-7) 在不同空间划分下的具体表达形式。

表 5-2　　不同空间划分下的 $\hat{\rho}$ 在零点的渐近方差

空间划分	$\hat{\rho}$ 在零点的渐近方差表达形式
规则格网 Rook	$72/(36PQ + 23P + 23Q + 36)$
规则格网 Queen	$2400/(600PQ + 639P + 639Q + 794)$
六边形划分	$180/(60PQ + 55P + 60Q + 71)$

表 5-2 中的表达使得式 (5-7) 的计算变得异常容易，特别是当样本量巨大时，以上表达式的计算简便优势更加突出。但是 $\hat{\rho}$ 在非零点的方差形式要比在零点的形式复杂许多。早在 1967 年，Mead 就指出植物间竞争系数（Inter-Plant Competition Coefficient，对应本书讨论的自相关参数 ρ）的方差不能通过 Fisher 的 Z-变换变得稳定，即使 Z-变换的推广形式也只对非常弱的空间交互如 0，±0.05，±0.1 起作用，并且只针对特定形式的空间划分（Mead，1967）（参见 p193 图 1：呈六边形分布的 7，12，19 个点）。半个世纪以来，鲜有文献探讨 $\hat{\rho}$ 方差不稳定的问题。最近，Griffith 和 Chun 在他们探讨遥感影像的空间自相关的不确定性问题的文章中强调了更好地量化这种不确定性的重要性（Griffith and Chun，2016）。以下的小节讨论 $\hat{\rho}$ 的方差的分布，指出该分布可由一个参数相等并且大于 1 的 Beta 分布描述，且是一个关于 $\hat{\rho}$ 和样本量的方程。

5.3.2 $\hat{\rho}$ 的方差在非零点的抽样分布

该部分的实验包含 30 组不同的样本量，最小的样本量为 25（5×5），最大的样本量为 22500（150×150），其中，P 和 Q 各自以 5 为步长增加。PSAR 模型的自相关参数 ρ 在 $(\lambda_{\min}^{-1}, \lambda_{\max}^{-1})$ 上均匀取值，其中 $\lambda_{\min}^{-1}$ 和 $\lambda_{\max}^{-1}$ 分别为行标准化邻接矩阵 $\boldsymbol{W}$ 的最小和最大特征值。表 5-3 列出了实验结果，在以下表达式中，a_0 为 ρ 在零点的方差（如表 5-2 所

示），G 为 $\hat{\rho}$ 的标准化形式 $(\hat{\rho} - 1/\lambda_{min})/(1/\lambda_{max} - 1/\lambda_{min})$。

表 5-3 不同空间划分下 $\text{Var}(\hat{\rho}) \sim \hat{\rho}$ 的理论表达式

空间划分	方程形式	参数估计值（括号里为决定系数）
规格格网 Rook	$\text{Var}(\hat{\rho})_{asy}$ $= a \cdot a_0 \cdot G^{b-1} \cdot (1-G)^{c-1}$	$\hat{a} = \dfrac{17.9181}{n^{0.5395}} + 6.7144$，（0.9999） $\hat{b} = 2.4,\ \hat{c} = 2.4$
规则格网 Queen		$\hat{a} = \dfrac{32.4112}{n^{0.4482}} + 6.4694$，（0.9990） $\hat{b} = \dfrac{2.0836}{n^{0.3519}} + 2.1107$，（0.9975） $\hat{c} = \dfrac{1.0641}{n^{0.2982}} + 2.2843$，（0.9974）
六边形划分	$\text{Var}(\hat{\rho})_{asy}$ $= a \cdot a_0 \cdot G^{c \cdot G + b - 1} \cdot (1-G)^{e \cdot G + d - 1}$	$\hat{a} = \dfrac{30.1752}{n^{0.3065}} - 0.0160$，（0.9941） $\hat{b} = \dfrac{3.0023}{n^{0.1121}} + 0.5299$，（0.9966） $\hat{c} = \begin{cases} 0.0110 \cdot (\ln(n) - 6))^2 + 0.02357,\ n \leq 40, \\ -0.0233 \cdot (\ln(n) - 6)^2 + 0.02357,\ n > 40, \end{cases}$ （0.9917） $\hat{d} = n^{-0.0647 \cdot \ln(n) + 0.4876} - 0.0634$，（0.9900） $\hat{e} = \dfrac{\ln n}{3.35013} - 1.1161$，（0.9890）

在规则格网 Rook 和 Queen 划分下，$\hat{\rho}$ 渐近方差的表达形式相同，不同的是参数估计值；在六边形划分下，$\hat{\rho}$ 渐近方差的形式更为复杂（Luo et al., 2018）。图 5-5(a1)~(c1) 为样本量为 22500 时的曲线拟合情况，图中横轴 ρ 的取值为 $(\lambda_{min}^{-1}, \lambda_{max}^{-1})$ 中均匀采样获得的点，渐进 $\text{Var}(\rho)$ 为式（5-6）计算所得，理论 $\text{Var}(\rho)$ 为表 5-3 中的方程计算所得。可以看出，$\hat{\rho}$ 的抽样方差的形状类似于参数相等且大于 1 的 Beta 分布，并且两种方差曲线的贴合情况较好。$\text{Var}(\hat{\rho})$ 原始值与方程估计值的接近情况可参考图 5-5（a2）~（c2），可以看出，在三种划分下，二者二元回归的决定系数均接近于 1。

5.3.3 验证抽样分布——蒙特卡罗模拟实验

为了检验表 5-3 中的结果，对于以上三种不同的空间划分根据样本量的不同分别进行了 24 组实验，这些实验的样本量从 $10 \times 10(n = 100)$ 到 $125 \times 125(n = 15626)$，行和列的数量每次以 5 递增。对于每组实验（即每种样本量），都采用了雅各比的近似形式（Griffith, 2004a；Griffith, 2004b）+快速计算 SAR 模型极大似然估计的算法（Griffith, 2015a）；作为对比，雅各比的近似形式+SAR 模型旧的极大似然估计算法也参与到了每组实验的计算。以 10×10 的样本为例，表 5-4 列出了对于不同空间划分所施用的不同方法组合。

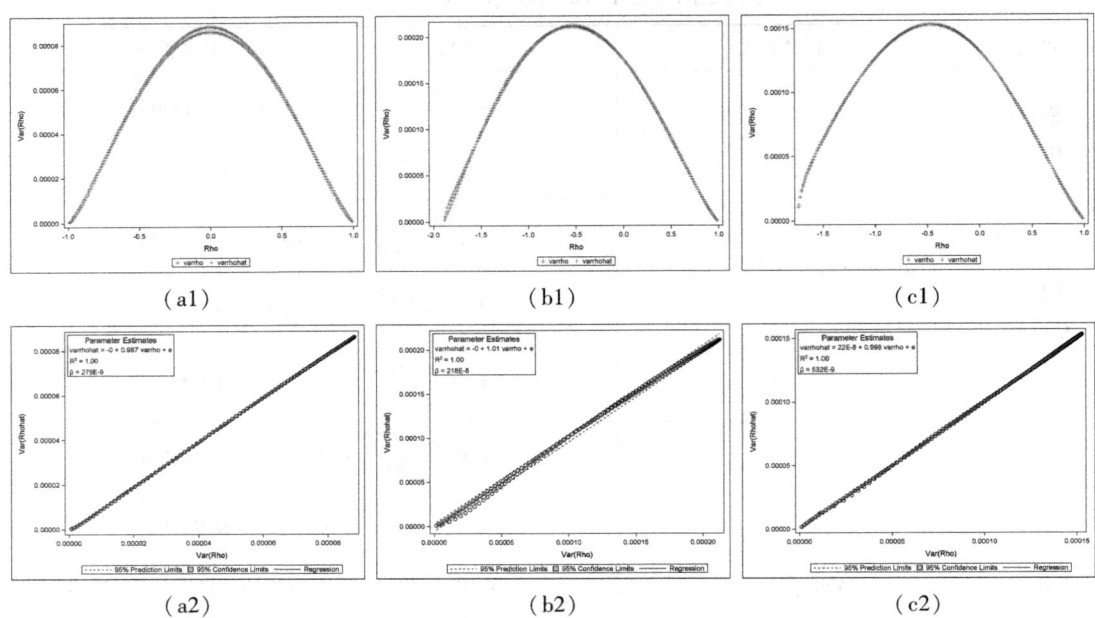

（a1）～（a2）规则格网 Rook 下的拟合情况；（b1）～（b2）规则格网 Queen 下的拟合情况；（c1）～（c2）六边形划分下的拟合情况

图 5-5　$\hat{\rho}$ 对 $\mathrm{Var}(\hat{\rho})_{\mathrm{asy}}$ 的拟合效果图（n = 22, 500）

表 5-4　　**蒙特卡罗模拟实验的不同方法组合——以 10×10 的样本为例** *

方　　法	精确雅各比形式	雅各比近似形式 I	雅各比近似形式 II	雅各比近似形式 III
原极大似然法	SR, SQ, H	—	—	SQ, H
新极大似然法（Griffith, 2015a）	—	SR	SR	SQ, H

* 雅各比近似形式 I 和 II 分别对应文献（Griffith，2015a）中的式（10）和式（11），近似形式 III 参见本章式（5-8）。

对于规则格网 Rook 划分，在(-1, 1)的范围内，ρ 取从-0.9 到 0.95（其中-0.9 到 0.9 之间以 0.1 为步长增加）的 21 个值，每个值、每种方法组合各进行 10000 次重复实验。对于规则格网 Queen 划分，在(-1.9, 1)的范围内，ρ 取从-1.8 到 0.95（其中-1.8 到 0.9 之间以 0.1 为步长增加）的 29 个值，每个值、每种方法组合各进行 10000 次重复实验。对于六边形划分，在(-1.74, 1)的范围内，ρ 取从-1.65 到 0.95（其中-1.6 到 0.9 之间以 0.1 为步长增加）的 28 个值，每个值、每种方法组合各进行 10000 次重复实验。对于每一个特定的 ρ 值，根据以上方法，可以得到 10000 个模拟样本，这些样本的直方图近似正态分布,该分布的均值和方差可以提取出来作为模拟结果。附录4的表附4-1呈现了完整的模拟实验信息。

对于模拟实验需要说明两点:第一点是雅各比的近似形式,第二点是雅各比形式在SAS① 非线性回归程序中的导数。在规则格网 Rook 划分下,雅各比的近似形式采用了文献(Griffith, 2004b)中的结果;在规则格网 Queen 和六边形划分下,本书采用了以下形式(参见文献(Griffith, 2004a)):

$$\text{Jac} = \alpha_1 \cdot \left[\frac{\ln(1-\rho \cdot \lambda_{\min})}{\rho \cdot \lambda_{\min}} + 1 - \delta_1 \cdot \ln(1-\rho \cdot \lambda_{\min}) \right]$$
$$+ \alpha_2 \cdot \left[\frac{\ln(1-\rho \cdot \lambda_{\max})}{\rho \cdot \lambda_{\max}} + 1 - \delta_2 \cdot \ln(1-\rho \cdot \lambda_{\max}) \right], \quad (5-8)$$

其中,Jac 表示雅各比的近似。此外,为了得到正确的处理结果,SAS 中处理雅各比导数的默认程序也需要做稍许修改,这部分的讨论放在了附录4。本部分采用了 Griffith 关于雅各比矩阵的算法(Griffith, 2015a),该算法的特点是避免了原本耗时的非线性回归中的矩阵运算,将需要参与运算的矩阵组合在进行非线性回归之前就进行了计算并存储。这种做法大大提升了计算效率,同时又无损精度。

以下挑选出 10×10 的结果呈现在图5-6中。在这些图中,表5-3中的结果由光滑曲线表示,精确雅各比形式和两种不同的近似雅各比形式的结果由折线段表示。其中,对于规则格网 Queen 和六边形划分,采用近似雅各比+Griffith 极大似然算法的结果,以及近似雅各比+旧极大似然法的结果(SAR 模型空间自相关参数方差的计算实现代码参考附录5)。图5-6的第二行展示了对应划分下弱、中、强三种正自相关情况下的 ρ 的抽样分布。

图5-6(a1)展示了规则格网 Rook(SR)划分下的不同方法得到的方差对比图,可以看到,代表精确雅各比方法和近似雅各比方法的曲线很接近,它们与光滑曲线在顶点附近出现了一个小间隙(即模拟值与理论值的差异,它代表了表5-3中表达式的精确性——间隙越小越精确)。这样的小间隙在样本量为400时几乎消失,但随着样本量的继续增大,又有小间隙出现(参考附录4图附4-1)。图5-6(b1)表示规则格网 Queen(SQ)下的结果,此时四条曲线都很贴合——说明理论表达式能够准确描述 $\hat{\rho}$ 的方差的变化。对于更大样本量下的结果可以参考附录4图附4-2,可以看到,模拟值和理论值的差异几乎可以忽略。六边形划分下的方差对比结果与 SQ 情况下类似,这里不再重复描述。与 SR 情况的关于零点对称的 Beta 曲线不同,SQ 和 H 情况下的 Beta 曲线关于负值(大概都在-0.5左右)对称,这与三种情况下 ρ 的取值范围有关。

图5-6(a2)表现了规则格网划分下 $\rho = 0.3$, 0.7 和 0.95 时模拟值的分布情况,可以看出在三种不同自相关程度下,模拟值均呈现出了近似的正态分布,并且方差随着自相关的增强而不断减小。另外两种划分下模拟值的分布形态与 SR 情况下的分布形态类似。在这三幅图中,各分布的均值由竖线标识,这些均值和方差都标注在各图下方的图例中。因此,SAR 模型的自相关参数 ρ 在其可行范围内服从均值和方差均变化的近似正态分布。

---

① 本章的模拟实验在 SAS 中完成。

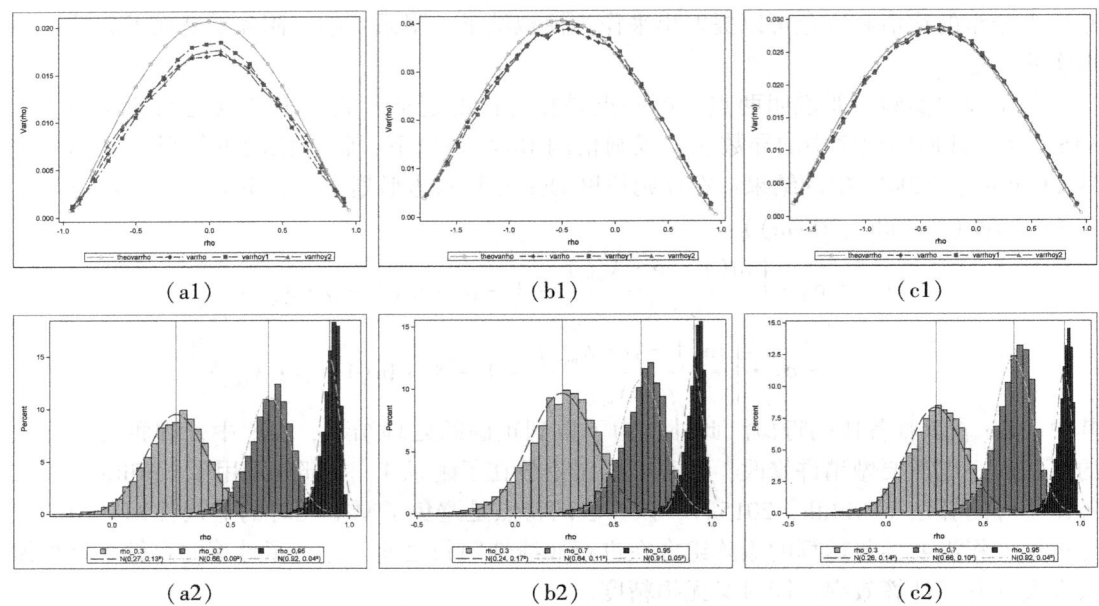

(第一行是不同方法的方差对比图,第二行是不同划分下、不同强度的正自相关的抽样分布图。其中 a 列代表规则格网 Rook 划分下的结果;b 列代表规则格网 Queen 下的结果;c 列代表六边形划分下的结果)

图 5-6　10×10 样本量的模拟实验图

图 5-7 展示了 $\hat{\rho}$ 的近似方差在零点的收敛情况,即当样本量不断增大时,SAR 模型的自相关系数估计量的精确性越来越高。不同方法得到的近似标准差比例在 1 附近波动。

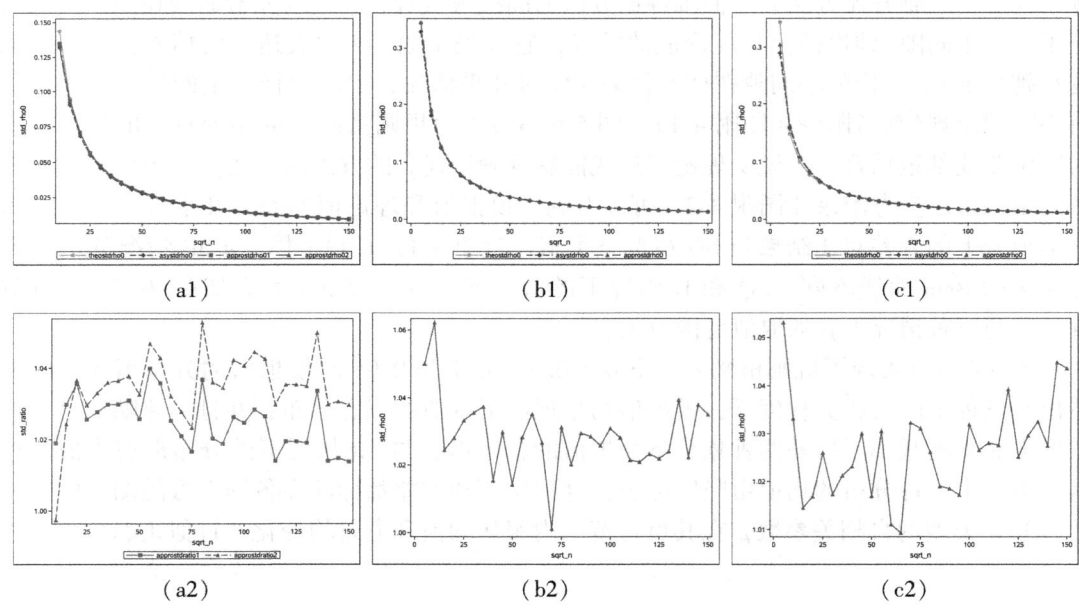

(a1)~(a2) 规则格网 Rook 情况;(b1)~(b2) 规则格网 Queen 情况;(c1)~(c2) 六边形划分情况

图 5-7　零点的近似标准差收敛和标准差比例图

图 5-7 中，标准差收敛图和标准差比例图的横坐标均为样本量的开方（从 5 到 150），不同的是第一行图的纵坐标为近似标准差的值，第二行图的纵坐标为标准差比例值。图 5-7 的第一行展示了不同方法计算的零点近似标准差值，可以看到，当样本量增加时，零点的近似标准差收敛到 0。第二行展示了不同模拟方法计算的自相关系数标准差与表 5-3 中表达式计算的近似标准差的比，在不同的空间划分下，这些比例均在 1 周围小幅度波动——说明在 $\hat{\rho}=0$ 时，表 5-3 中的表达式与表 5-2 中的表达式可得到近似相等的值。

5.4 两个案例

本节给出两个案例（分别为零自相关和高度自相关）来实现对 SAR 模型自相关参数非零分布的应用。

5.4.1 数据说明

5.2 节给出了 PSAR 模型的非零自相关参数的统计分布，一个可能的应用是用它来做非零参数的假设检验。本节就此给出两个案例：第一个案例是利用上节的结果对模拟的数据做原假设为 $\rho_0 = 0$ 的假设检验；第二个案例是利用截取的部分黄山地区遥感影像数据做原假设为 $\rho_0 = 0.95$（即强正自相关）的假设检验（Luo et al., 2018）。在样本量上，第一和第二个例子的空间划分为 100×100 的规则格网，在邻接规则上，二者都遵循 Rook 准则（有共同的边即相邻），因此，两个例子可以直接应用表 5-3 的结果。这里选取 Rook 为规则的原因是，对于非规则的空间划分，Rook 和 Queen 规则得到的邻接矩阵的区别很小；而对规则的划分，采样 Rook 或者 Queen 虽然会得到不同的数值上的结果，但是对于假设检验的结论却影响很小。图 5-8 给出了两个例子研究区域的示意图。

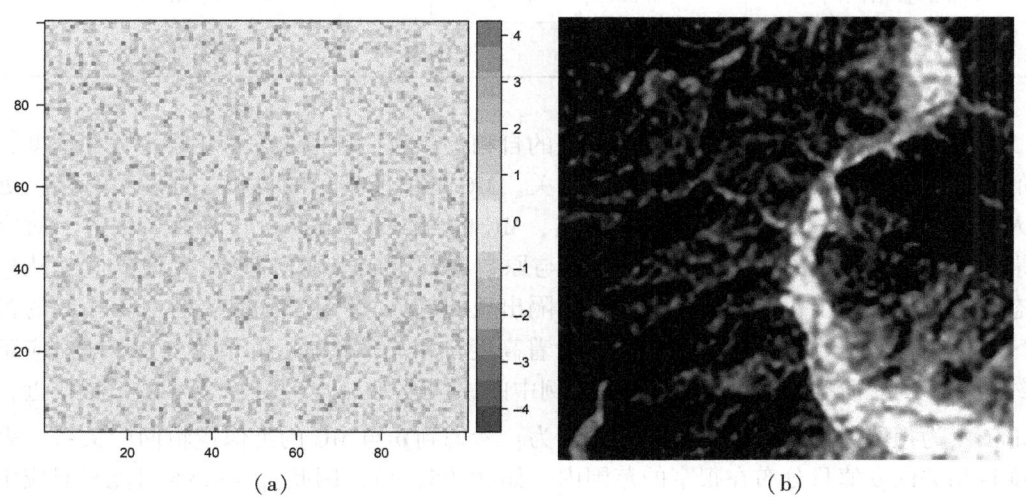

(a) 　　　　　　　　　　　　　　　(b)

（a）来自标准正态分布的随机数随机地分布在 100×100 的格网中；（b）截取的 100×100 的黄山地区 2002 年 10 月遥感影像，图中偏右条带为岩石裸露的山脊，其他区域为植被，兴趣变量为标准化植被指数 NDVI

图 5-8　兴趣变量呈现不同自相关程度的例子

第一个例子由模拟生成，第二个例子采用实际数据。黄山地区遥感影像的数据与第 4 章中的来源相同，此处用到的区域是从原图(图 4-8)上截取而来。

对于高度自相关的例子，依然对 NDVI 做指数变换，以期得到更好的对称性，考虑到该组数据的样本量达到了 10000，本例采用了 Kolmogorov-Smirov (KS) 正态性检验(变换前 KS 的检验值为 0.4250，变换后减小到了 0.0238)。在以下的实验中采用变换后的数据。数据变换和模型残差的正态性检验的细节可参考附录 6。

5.4.2 结果和解释

表 5-5 总结了本节的实验结果，为了评估自相关强度的方便起见，兴趣变量的 MC 值也列在了表中供参考。

表 5-5　　　　　　　　　　不同自相关程度例子的假设检验结果

数　　据	随机分布数据	截取的黄山遥感影像数据
因变量	单元格值	$1.46 \cdot e^{4.78 \cdot \mathrm{NDVI}} - 2.70$
原假设 (H_0)	$\rho_0 = 0$	$\rho_0 = 0.95$
MC	0.0051	0.9077
$\hat{\rho}$	0.0101	0.9697
z-得分	0.7188	7.2173
p-值	0.4723	5.3033×10^{-13}
95%的置信区间	[-0.0275, 0.0275]	[0.9447, 0.9554]
结论	接受 H_0	拒绝 H_0

表 5-5 中同时列出了 MC 和 SAR 模型的自相关参数估计值 $\hat{\rho}$ 来量化自相关的程度，二者的值虽不同，却代表了相同强度的自相关。MC 的值所指示的自相关强度更直接、更符合人们的认知习惯。对于随机分布的数据，MC 的值为 0.0051，$\hat{\rho}$ 的值为 0.0101，对应的 z-得分和 p-值指示接受原假设，这个结论与原数据的生成规则相符(单元格的值服从标准正态分布，且在图上没有呈现聚集或者间隔出现的趋势)。对于截取出的 100×100 的黄山地区遥感影像数据，0.9077 的 MC 值指示着高度自相关，此时 $\hat{\rho}$ 的值为 0.9697(对应于数值约为 0.9 的一阶空间相关性)，虽然此例中的原假设为 $\rho_0 = 0.95$，与 $\hat{\rho}$ 的值很接近，但结论依然为拒绝原假设。拒绝的可能原因为：考虑到 $\hat{\rho}$ 与 MC 的类似逻辑回归关系，表示高度自相关的 $\hat{\rho}$ 值只分布在很窄的范围内，如(0.95, 1)，因此 $\rho_0 = 0.95$ 可能只对应中等强度的自相关；另外，当样本量不断增大，自相关参数 ρ 的值接近于 1 时，$\hat{\rho}$ 的(渐近)方差趋于 0——导致出现极高的 z-值和极窄的置信区间，因此出现高度显著的结果。

5.5 本章小结

本章的主要工作是研究 SAR 模型在三种不同空间划分下的非零自相关参数的抽样分布。这三种空间划分具体为：规则格网的 Rook 和 Queen 划分、六边形划分。其中，前两种多用于遥感影像（栅格）数据，后一种多用于空间采样和连续曲面的离散化处理，因此，它们都具有很强的现实意义。在研究抽样分布时的一项重要工作为表达不同自相关量化形式的数学关系，本章给出了 MC 和 SAR 模型自相关参数在以上三种划分下的分析表达式，验证了二者之间的类似逻辑回归关系。在 MC 和 $\hat{\rho}$ 关系的探究中，一个有趣的发现是 MC 更能直观体现自相关的程度、更符合人们对于量化低中高强度自相关的直观认识；相反，ρ 值容易造成"误解"——比如 0.5 的 MC 值表示中等强度的自相关，但是 ρ 表示相同程度自相关的值可能会达到 0.7，而 0.7 在人们的第一印象中是表达偏高强度的自相关值。因此，在判断自相关强度时，MC 比 ρ 更直观。此外，最重要的结论是自相关参数的渐近方差的抽样分布符合参数相等且大于 1 的 Beta 分布（类似抛物线型），并且在不同空间划分下，此方差的函数表达式不相同，具体表现为，在规则格网 Rook 划分下，表达式曲线关于零点对称，而在规则格网 Queen 和六边形划分下，表达式曲线大约关于−0.5 对称。

给出非零自相关参数分布的一个优点是可以实现对非零自相关参数的假设检验，使原假设的设定更符合现实情况。本章的最后给出了一个高度自相关的假设检验，同时为了验证给出的分布在零相关时的表现，也采用了一组模拟数据。对于模拟的随机分布在 100×100 格网上的标准正态数据，假设检验的结论是接受原假设，符合实验的设定；对于 100×100 黄山地区遥感影像的例子，假设检验的结论是拒绝原假设，并不符合实验设计的初衷。最后一个例子中拒绝原假设的可能原因是在大样本量和强相关的情况下，自相关参数的方差太小。

最后一个案例的结果也表现出了经典统计学中的一个广为诟病的问题——p-值问题，即假设检验在海量样本情况下，不论被检验的值和原假设之间的差异多么小，总会出现拒绝原假设的结论。这个问题在空间统计的背景下变得更为复杂，因为不仅大样本量会引起方差减小，强的自相关也会引起方差减小。因此，寻找新的假设检验方法显得十分必要。

第6章 大样本量数据空间自相关的实质性差异假设检验

第5章对100×100的黄山地区遥感影像作空间自相关参数的假设检验结果引出了统计学中的一个经典问题——p-值问题,即无论样本结果与原假设值的差异有多微小,p-值总是小于预设的显著性水平。本章将利用实质性差异(Irrelevant Differences)检验的方法,并给出空间自相关的实质性差异阈值,提供大样本量空间数据假设检验p-值问题的一种解决方案。

6.1 空间数据分析背景下 p-值问题的描述

p-值问题是一个普遍性问题,它几乎存在于一切应用到统计推断的学科和领域,如医学(Sullivan and Feinn, 2012; Kaplan et al., 2014)、护理学(Lantz, 2013)、流行病学(Greenland et al., 2016)、心理学(Cohen, 1994; Cumming, 2014)、信息科学(Lin et al., 2013)、会计学(Kim et al., 2018; Basu, 2015)、金融学和经济学(Harvey, 2017; Moosa, 2017);等等。在只考虑样本量的情况下,引起p-值问题的根源在于样本方差的减小,2.2.4节已对此作了简要例证,现对此问题作更一般的论证。

现有的统计推断理论建立在中心极限定理的基础之上,即当样本量趋于无穷时,兴趣随机变量的"和"趋于正态分布(这也是许多模型的误差假设为正态分布的原因——误差是由许多独立观测得到的微小观测误差累积起来的)。在实际试验中,往往会将这个"和"平均化,得到"算术平均",于是对于均值为μ、方差为σ^2的随机变量X,它的样本均值$\bar{X}$服从$N(\mu, \sigma^2/n)$,其中n为某次试验的观测值个数,或者样本量。现要检验某次试验的均值$\bar{x}$是否与总体的均值相等,在显著性水平α、原假设$H_0: \mu_0 = \mu$和备择假设$H_1: \mu_0 \neq \mu$下,构造检验统计量

$$z = \frac{\bar{x} - \mu}{\sigma / \sqrt{n}}, \tag{6-1}$$

当H_0为真时,由中心极限定理,式(6-1)(即z-值)服从标准正态分布。在标准正态分布下,取$\alpha = 0.05$,作双边假设检验,得z-值的临界值为 ± 1.96,而当$|z| > 1.96$时,相应的p-值小于0.05。因此,当式(6-1)中的$n \to +\infty$时,有$z \to +\infty$,进而$p \to 0$——得到总是显著的结果。

在空间数据分析的背景下,p-值问题不仅与样本量有关,还与自相关的强度存在密切的联系(Luo et al., 2018)。参考表5-3、图5-5、图5-6以及图附4-1至附图4-3可发现,在相同样本量下,SAR模型的空间自相关参数的方差随着自相关强度的增加而减小;在

同等强度的自相关下，自相关参数的方差随着样本量的增加而减小。以正的自相关为例，图 6-1 简要概括了自相关强度和样本量对 p-值的影响，图中的自相关用 SA 表示，在本书中具体指 MC 和 SAR 的自相关参数 ρ，方差的变化是指 ρ 的方差的变化（MC 的方差是平稳的，即不随着自相关强度的变化而变化）。可以看出，在空间的情况下，导致 p-值问题的关键因素依然是处于检验统计量分母位置上的"方差"减小。

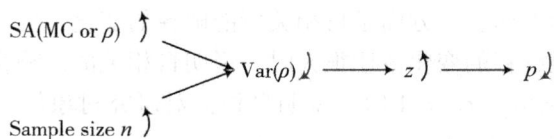

图 6-1　自相关强度和样本量对 p-值的影响

（向上的曲箭头表示增加或者增大，向下的曲箭头表示下降或者减小）

6.2　p-值问题的空间统计解决方案

第 2 章简要介绍了（直接或间接）处理 p-值问题的两种方法——效应量法和抽样法，考虑到海量空间数据情形下抽取的样本其有效样本量依然可能很大，使 p-值总是显著的问题不能得到很好的解决，因此本章的研究建立在效应量的基础之上。

6.2.1　效应量与科学显著性

在空间统计领域，涉及大样本量数据检验问题的文献数量不多，其中重要的一篇文章为学者 Griffith 于 2015 年发表的（Griffith, 2015a）。在该篇文章中，Griffith 不仅给出了简化 SAR 模型中雅各比项的简化算法，也提出了针对海量数据进行假设检验的新准则，即用科学显著性代替统计显著性。他指出，与统计显著性建立在中心极限定理基础之上不同，科学显著性是以大数定律为基础的，即随着样本量的增大，样本分布越来越接近于总体分布，因此，科学显著性依赖于总体的阈值，而统计显著性依赖于样本阈值（与样本量有密切关系）。进一步，他对 SAR 模型中的自相关参数 ρ 是否显著给出了基于大数定律的几个科学显著性准则（p2153）。

（1）评估空间自相关参数 ρ 及其解释方差（Variance Accounted）ρ^2。在该项准则中，Griffith 对 ρ 的取值范围划定了 4 个界限：0~0.223，0.224~0.707，0.708~0.866，0.867~0.949；且其相应的解释方差范围为 <5%，5%~49%，50%~74%，75%~89%，90%+；除了第一组范围表示自相关现象不显著，后四组范围都表示自相关现象显著，且后四组对应于统计显著性水平分别为 0.1，0.05，0.01 以及 0.005。实际上，该组的评估指标 ρ 和解释方差 ρ^2 可分别对应于经典统计中的皮尔逊相关系数和线性回归中的决定系数 R^2，它们可理解为研究对象（即因变量）的自相关强度为多少，自相关能够解释的因变量的变化占比多少。以第一组界限为例，当 ρ 的估计值处于 0 到 0.223 之间时，自相关可解释的研究对象的变化小于 5%，因此该研究对象的自相关现象不是科学显著的。而当 ρ

的估计值落在第二组范围内时，自相关能够解释的研究对象的变化在5%~49%之间，此时自相关的现象是科学显著的。

（2）误差项方差估计值与因变量方差估计值比（$\hat{\sigma}_\varepsilon^2/\hat{\sigma}_Y^2$）。在该项准则中，Griffith对此比值依然划定了5个界限：0.95~1，0.5~0.949，0.25~0.499，0.1~0.249，0~0.099；除了第一组，后四组都是科学显著的，且对应于和第一项准则中相同的统计显著性。需要说明的是，该项准则是基于PSAR模型（无自变量项）的表达（式（5-2））给出的，因此研究对象的变化来自两个方面，一方面是自相关所能解释的变化，另一方面是模型误差所能解释的变化——误差能解释的变化占比很大时，说明自相关的影响很小，可以理解为影响不显著。所以当 $0.95 < \hat{\sigma}_\varepsilon^2/\hat{\sigma}_Y^2 < 1$ 时，说明自相关对研究对象的变化影响很小，因此是科学不显著的；当 $0.5 < \hat{\sigma}_\varepsilon^2/\hat{\sigma}_Y^2 < 0.949$ 时，自相关能解释的变化占到了5%~49%，因此是科学显著的。

（3）PSAR模型残差项的 $F^{-1}(p)$ 分位点值。该项准则是第二项准则的扩展，它们都从模型残差的角度来侧面揭示自相关项对模型的影响。Griffith依然划分了5个范围来界定自相关是否显著：当 $F^{-1}(p)$ 处于 $F^{-1}(0.05) + \hat{\mu}$ 与 $F^{-1}(0.95) + \hat{\mu}$ 之间时，残差项解释了模型95%的变化，因此自相关的影响是不显著的；当 $F^{-1}(p)$ 处于以上范围之外时，自相关的影响是相对显著的。Griffith取了0.05，0.025，0.005以及0.0025来计算分位点并以此来表示自相关的显著性强度。

以上三种SAR自相关参数显著性判断标准范围的设定参考了多重共线性的评价准则，这些参考指标皆可看作"空间版本"的效应量，如方差比和分位点值是比较组间差异的效应量指标，ρ 和 ρ^2 是比较相关性的效应量指标。

6.2.2 效应量与实质性差异

实质性差异（Relevant Differences[①]）和等效性/非劣效性（Equivalence/Noninferiority）是生物统计的术语（Wellek，2010），后者常常在医学的临床试验中有广泛的应用。在对比某种新药和已知疗效的标准药物的差异时，等效性/非劣效性检验主要用来说明该种新药的药效是否与标准药物的药效等效，或者至少不比标准药物差，从而决定该新药是否要推广到市场。在等效性检验中，一般设原假设为新药与标准药物不是等效的，备择假设为两种药物是等效的；翻译成统计的语言为 $H_0: \theta \leq \theta_0 - \delta_1$ 或 $\theta \geq \theta_0 - \delta_2$，$H_1: \theta_0 - \delta_1 < \theta < \theta_0 - \delta_2$，其中，$\theta$ 为度量新药药效的指标，θ_0 为度量标准药物药效的指标，ε_1 和 ε_2 为两个任意小的正数（生物统计中称为等效边界，Equivalence Margins）。δ_1 和 δ_2 规定了药效实质性差异的范围，它们具体取值的确定根据临床经验设定，因此，同一种试验在不同的场景和目的下对 δ_1 和 δ_2 的取值可能不同。

实质性差异检验与等效性检验互为对偶关系（Wellek，2010）。依然以新药和标准药物的药效对比为例，在实质性差异检验中，原假设为两种药物药效无实质性差异，备择假设为两种药物药效有实质性差异，用统计语言表述为 $H_0: \theta_0 - \delta_1 \leq \theta \leq \theta_0 - \delta_2$，$H_1: \theta <$

[①] Relevant differences 还可翻译为有关差异，这里取实质性差异的译法，表示有现实意义的差异。

$\theta_0 - \delta_1$ 或 $\theta > \theta_0 - \delta_2$。可以看到实质性差异检验与等效性检验的原假设和备择假设是互换位置的,在区间的端点处,等号始终包含于原假设中。与等效性检验在临床试验中的广泛应用不同,实质性差异检验在目前的应用中还很少见。

事实上,实质性差异的思想早在 20 世纪 50 年代就在皇家统计学会(Royal Statistical Society)中初见雏形(Hodges and Lehmann,1954)。Hodges 和 Lehmann 指出,在现实世界中,某个研究对象或兴趣变量的一组观测值都不可能完全精确地服从某个正态分布,并且无论真实曲线与正态曲线的差异有多小,当样本量足够大时,χ^2 检验的 p-值总会小于预先设定的显著性水平。为了区分这种情况下无意义的"统计显著性"和真正意义上的实质差异性,他们引入了"物质/重要显著性(Material Significance)"的概念,并且定义 $\Delta(\theta)$ 作为待检验参数 θ 与原假设的设定值之间的"距离"来量化"重要显著性"(p261-262)。到 1987 年,Victor 首次明确提出了"临床实质性差异"的概念,并且将此作为原假设的"偏移参数(Shift Parameter)"来衡量临床相关性或者重要性(p109)。这里的"偏移参数"等同于 Hodges 和 Lehmann 的 $\Delta(\theta)$,即实质性差异。类似"临床实质性差异",Parks 和 Beiko (2010)提出了"生物学实质差异(Biologically Relevant Differences)"来进行不同群落的基因组分析。这些实质性差异均与实际联系紧密,代表着具有实际意义(如临床药效)的差异。另一方面,Cohen(1962)在以心理学期刊文章为元数据分析对象进行统计功效(拒绝错误原假设的概率)的分析时,提出了使用"size of effect"(效应量 Effect Size 的最初版本)来回答"研究者们希望探测出总体中多大的效应(或者差异、相关系数等)从而来拒绝原假设"的问题(p146),而恰当回答该问题对功效分析起着重要的作用。不论是实质性差异还是效应量,它们度量的都是具有现实意义的差异,因此本质上,实质性差异也是一种效应量。

Wellek 围绕等效性/非劣效性检验、实质性差异检验展开了详细的讨论(Wellek,2010)。在他响应美国统计学会 2016 年发表的批评滥用 p-值声明(Wasserstein and Lazar,2016)的文章中,Wellek 指出实质性差异检验的灵活性一直未得到充分的利用(Wellek,2017,p861)。事实证明,Wellek 所提倡的实质性差异检验为解决 p-值问题提供了一种行之有效的方法(至少在大样本量引起的 p-值总是显著的问题中如此),Callegaro 和他的同事们利用此方法对连续年份的发病率差异给出了很好的判断(Callegaro et al.,2019),在他们的案例中,样本数量达到了四千万。

受以上成果的启发,本章将实质性差异检验引入对空间自相关的假设检验中,以期在大样本量时得到具有实际意义的、可解释的结果。参考 Wellek 的专著(Wellek,2010),6.3 节概括了本章涉及实质性差异检验的必要统计学基础。

6.3 实质性差异检验的理论基础

虽然实质性差异检验已经有半个多世纪的历史,但是关于它的应用却并不多见。一个主要的原因是确定检验中涉及到的常量往往比较困难,譬如对于一个单参数的实质性差异检验,除了需要在检验前常规地确定显著性水平,还需要确定其他三个额外常量的值,即 θ_0、δ_1 和 δ_2(参见 6.2.2 节)。即使作为参考值的 θ_0 有时可事先测定,但是对于任意小量 δ_1

和 δ_2 的取值却常常有很多的不确定性。

鉴于该方法的鲜见性，本节简要概括实质性差异检验的理论基础及其现有的求解方法①。各小节安排如下：6.3.1 节介绍与实质性差异检验息息相关的等效/非劣效性检验；6.3.2 节论述两种检验的对偶性；6.3.3 节概述实质性差异检验的两种不同角度的求解方法。

6.3.1 等效/非劣效性检验

等效/非劣效性检验是医学试验中应用很广的检验方法，常常用来比较新药物和标准药物或者新疗法和标准疗法是否等效，或者新药物/疗法不比标准药物/疗法效果差（Lesaffre，2008；Greene et al.，2008；Walker and Nowacki，2011；Juneja et al.，2016）。正是由于该方法具有很强的实用价值，并且考虑到在现实中几乎不可能存在检验对象和参照值完全相等的情况，所以在面对具体问题时，被认为无差异的范围（即 δ_1 和 δ_2）可由（临床或专家）经验给出。

在直观印象上，"等效性"可理解为除了实际中可忽略的差别外，检验对象和参考对象之间是相等的；"非劣效性"可理解为不存在不可忽略的差异（Wellek，2010，p1）。下面给出二者的统计学表达。

- 等效性检验问题

$$H_0: \theta \leq \theta_0 - \delta_1 \text{ 或 } \theta \geq \theta_0 + \delta_2; \quad H_1: \theta_0 - \delta_1 < \theta < \theta_0 + \delta_2; \quad (6\text{-}2)$$

- 非劣效性检验问题

$$H_0: \theta \leq \theta_0 - \delta; \quad H_1: \theta > \theta_0 - \delta. \quad (6\text{-}3)$$

假设检验问题(6-2)常用于双边检验，而假设检验问题(6-3)常用于单边检验。可以看出，非劣效性检验问题是等效性检验问题的单侧情况，它表明新方法不比参考方法差，并且不排除新方法比参考方法好。事实上，作等效性和非劣效性假设检验时，等效性和非劣效性都是出现在备择假设 H_1 中的，即要得到等效或者非劣效的结论都需要拒绝原假设 H_0。

考虑到实质性差异检验与等效性检验有直接关系，以下只讨论等效性检验，即假设检验问题（6-2），并且只限定于单个总体、方差已知的正态分布情况。

不失一般性，设独立同分布的随机变量 $\{X_1, X_2, \cdots, X_n\}$ 服从均值为 Δ、方差为 1 的正态分布，即 $X_i \sim N(\Delta, 1)$，$i = 1, 2, \cdots, n$，则由中心极限定理，其样本均值 $\overline{X} \sim N(\Delta, 1/n)$，进而 $\sqrt{n}\overline{X} \sim N(\sqrt{n}\Delta, 1)$。令 $Z = \sqrt{n}\overline{X}$，$\widetilde{\Delta} = \sqrt{n}\Delta$，则有 $Z \sim N(\widetilde{\Delta}, 1)$。与原随机变量 $\{X_1, X_2, \cdots, X_n\}$ 的假设检验问题

$$H_0^X: \Delta \leq -\delta \text{ 或 } \Delta \geq \delta; \quad H_1^X: -\delta < \Delta < \delta \quad (6\text{-}4)$$

对应的关于随机变量 Z 的检验问题为

$$H_0^Z: \widetilde{\Delta} \leq -\widetilde{\delta} \text{ 或 } \Delta \geq \widetilde{\delta}; \quad H_1^Z: -\widetilde{\delta} < \widetilde{\Delta} < \widetilde{\delta}, \quad (6\text{-}5)$$

---

① 这里的求解方法是指求实质性差异假设检验问题的置信区间（临界值）和 p-值。

其中，$\tilde{\delta} = \sqrt{n}\delta$。对比检验问题（6-2），这里将实质性差异的区间设置成了对称的，并且将 θ_0 简化成了 0。根据 Wellek 的简化计算对称等效性的一致最优功效（Uniformly Most Powerful，UMP）检验的引理（Wellek，2010，p372），可得假设检验问题（6-5）在显著性水平 α 下的 UMP 为

$$\widetilde{\psi}(z) = \begin{cases} 1, & |z| < C_{\alpha;\tilde{\delta}} \\ 0, & |z| \geq C_{\alpha;\tilde{\delta}} \end{cases}, \quad (6-6)$$

其中，$C_{\alpha;\tilde{\delta}}$ 为

$$\Phi(C - \tilde{\delta}) - \Phi(-C - \tilde{\delta}) = \alpha, \quad C > 0 \quad (6-7)$$

的唯一解，$\Phi(\cdot)$ 表示标准正态分布的累积分布函数。由概率分布的定义，式（6-7）可写为 $P(|Z_\delta| \leq C) = \Phi(C - \tilde{\delta}) - \Phi(-C - \tilde{\delta})$，这里取 $\widetilde{\Delta} = \tilde{\delta}$（即均值取为实质性差异的极限值），则有 $Z_{\tilde{\delta}} \sim N(\tilde{\delta}, 1)$，并且 $Z_{\tilde{\delta}}^2 \sim \chi_1^2(\tilde{\delta}^2)$，即 $Z_{\tilde{\delta}}^2$ 服从自由度为 1、非中心化参数为 $\tilde{\delta}^2$ 的卡方分布。因此式（6-7）的解为显著性水平 α 下的一致最优功效检验（6-6）的临界值，结合 $Z_{\tilde{\delta}}^2$ 的分布可得

$$C_{\alpha;\tilde{\delta}} = \sqrt{\chi_{1;\alpha}^2(\tilde{\delta}^2)}, \quad (6-8)$$

从而原假设检验问题（6-4）的临界点为 $C_{\alpha;\tilde{\delta}}/\sqrt{n}$。

6.3.2 实质性差异检验与等效性检验的对偶性

实质性差异检验和等效性检验的对偶性建立在它们的原假设和备择假设位置是互反的关系上，即前者的原假设是后者的备择假设，而后者的原假设是前者的备择假设。进一步可理解为，实质性差异检验的拒绝域是等效性检验的接受域，而等效性检验的拒绝域是实质性差异检验的接受域；实质性差异检验的第一类错误是等效性检验的第二类错误，反之同理。如果设 ϕ 表示临界方程，那么有

$$\phi_{rd} = 1 - \phi_{eq}, \quad (6-9)$$

其中，下标"rd"和"eq"分别表示实质性差异和等效性，式（6-9）称为对偶性准则（Duality Principle）。设 $E(\phi)$ 为拒绝原假设的概率，对于以上两种假设检验，有 $E(\phi_{rd}) = 1 - E(\phi_{eq})$，所以当 $E(\phi_{rd}) \leq \alpha$ 时，有 $E(\phi_{eq}) \geq 1 - \alpha$（即有 $1 - \alpha$ 以上的可能性接受无实质性差异的假设）。对于显著性水平为 α 的实质性差异检验，其对应的等效性检验需要满足条件：（1）"显著性"水平为 $\alpha' = 1 - \alpha$，而不是 α；（2）ϕ_{eq} 在 α' 下是无偏的。

在以上两个条件都满足的情况下，求解实质性差异检验的步骤分为两步。第一，计算临界点，构造拒绝域 $(-\infty, C_1) \cup (C_2, +\infty)$；第二，比较检验统计量观测值与临界值，如果落在拒绝域，则拒绝无实质性差异的原假设，反之则接受原假设。

依然以单个总体的、方差为 1 的正态分布为条件，实质性差异检验问题

$$H_0: -\delta \leq \Delta \leq \delta; \quad H_1: \Delta < -\delta \text{ 或 } \Delta > \delta \quad (6-10)$$

的临界值为 $C_{\alpha;\tilde{\delta}}^*/\sqrt{n} = \sqrt{\chi_{1;\alpha'}^2(\tilde{\delta}^2)}/\sqrt{n}$（参考 6.3.1 节中的步骤），注意此式中非中心卡

分布的"显著性"水平变成了 α'。不同于等效性检验，检验问题（6-10）的 UMP 检验不存在，只存在一致最优功效无偏（Uniformly Most Powerful Unbised）检验（Wellek，2010，p358）。

6.3.3　自相关实质性差异检验的求解

6.3.1 节和 6.3.2 节的理论性说明中已涉及实质性差异检验的求解，但是，Wellek 的方法将问题设定在单位方差之下，给出的临界值也是标准化之后的结果。在实际运算中，有必要将数据放到原有的尺度上来，因此下面给出更一般的求解步骤。另外，由于 Wellek 并没有给出 p-值的求解方法（Wellek，2010），Callegaro 给出的基于正态分布的 p-值求解法（Callegaro et al.，2019）也将在本小节的后半部分简要介绍。为方便见，分别称 Wellek 的方法和 Callegaro 的方法为实质性差异检验的临界值法和 p-值法。

1. 基于非中心卡方分布的临界值法（改良版①）

设原始样本 $\{X_1, X_2, \cdots, X_n\}$ 来自总体 $N(\Delta, \sigma_0^2)$，$\{X_1', X_2', \cdots, X_n'\}$ 为原始样本标准化方差之后的随机变量，则 $X_i' \sim N(\Delta', 1)$，$i = 1, 2, \cdots, n$，其中，$\Delta' = \Delta/\sigma_0$；进一步，$\{X_1', X_2', \cdots, X_n'\}$ 的样本均值 $\overline{X}' \sim N(\Delta', 1/n)$，再将此均值进行方差标准化，有 $\sqrt{n}\overline{X}' \sim N(\sqrt{n}\Delta', 1)$。不妨设 $Z = \sqrt{n}\overline{X}'$，$\widetilde{\Delta} = \sqrt{n}\Delta' = \sqrt{n}\Delta/\sigma_0$，则有 $Z \sim N(\widetilde{\Delta}, 1)$。

- 原始样本 $\{X_1, X_2, \cdots, X_n\}$ 的等效性检验问题为

$$H_0^{(1)}: \Delta \leqslant -\delta \text{ 或 } \Delta \geqslant \delta; \quad H_1^{(1)}: -\delta < \Delta < \delta. \tag{6-11}$$

- 标准化方差之后样本 $\{X_1', X_2', \cdots, X_n'\}$ 的等效性检验问题为

$$H_0^{(2)}: \Delta' \leqslant -\delta' \text{ 或 } \Delta' \geqslant \delta'; \quad H_1^{(2)}: -\delta' < \Delta' < \delta'. \tag{6-12}$$

- 单个随机变量 Z 的等效性检验问题为

$$H_0^{(3)}: \widetilde{\Delta} \leqslant -\widetilde{\delta} \text{ 或 } \widetilde{\Delta} \geqslant \widetilde{\delta}; \quad H_1^{(3)}: -\widetilde{\delta} < \widetilde{\Delta} < \widetilde{\delta}. \tag{6-13}$$

在检验问题（6-12）和（6-13）中，$\delta' = \delta/\sigma_0$，$\widetilde{\delta} = \sqrt{n}\delta' = \sqrt{n}\delta/\sigma_0$。由 6.3.1 节中的结论，假设检验问题（6-13）的临界值为式（6-8），假设检验问题（6-12）的临界值为 $C_{\alpha;\widetilde{\delta}}/\sqrt{n}$，进而假设检验问题（6-11）的临界值为 $(C_{\alpha;\widetilde{\delta}}/\sqrt{n})\sigma_0$，即 $(\sqrt{\chi_{1;\alpha}^2(n\delta^2/\sigma_0^2)}/\sqrt{n})\sigma_0$。根据 6.3.2 节中的结论，对于原始样本的 $\{X_1, X_2, \cdots, X_n\}$ 的实质性差异检验问题（6-10），在显著性水平 α 下，有临界值

$$(\sqrt{\chi_{1;1-\alpha}^2(n\delta^2/\sigma_0^2)}/\sqrt{n})\sigma_0, \tag{6-14}$$

由以上检验问题的对称性，可知双边检验负方向的临界值为 $-(\sqrt{\chi_{1;1-\alpha}^2(n\delta^2/\sigma_0^2)}/\sqrt{n})\sigma_0$。

2. 基于正态分布的 p-值法

在将实质性差异检验引入大样本量假设检验问题的文章中，Callegaro 等提出了解假设检验问题（6-10）的 p-值法（Callegaro et al.，2019，p165），现简述如下。

---

① Wellek 方法的初始样本具有标准化的方差，"改良版本"的初始样本去掉了对方差的限制。

令差异估计值 $\hat{\Delta} \sim N(\Delta, \sigma_0^2)$，则正随机变量 $X = |\hat{\Delta}|$ 的累积分布函数为

$$F(x) = P(X \leq x) = P\left(\frac{X-\mu}{\sigma_0} \leq \frac{x-\mu}{\sigma_0}\right) = \Phi\left(\frac{x-\mu}{\sigma_0}\right), \quad (6-15)$$

当 $X = \hat{\Delta}$ 时，$X \sim N(\Delta, \sigma_0^2)$；当 $X = -\hat{\Delta}$ 时，$X \sim N(-\Delta, \sigma_0^2)$。所以式（6-15）实际上为 $F(x) = \Phi((x-\mu)/\sigma_0) = \Phi((x-\Delta)/\sigma_0)_{\mu=\Delta} + \Phi((x+\Delta)/\sigma_0)_{\mu=-\Delta} - 1$，而当 $\Delta = \delta$ 时，p-值为 $1 - P(X \leq x) = 2 - \Phi((x-\delta)/\sigma_0) - \Phi((x+\delta)/\sigma_0)$，考虑到 $\Phi((x-\delta)/\sigma_0) = 1 - \Phi((\delta-x)/\sigma_0)$，并且 $\Phi((x+\delta)/\sigma_0) = 1 - \Phi((-\delta-x)/\sigma_0)$，所以

$$P(X|H_0) = 1 - P(X \leq x) = \Phi\left(\frac{\delta-x}{\sigma_0}\right) + \Phi\left(\frac{-\delta-x}{\sigma_0}\right), \quad (6-16)$$

其中，H_0 为假设检验问题（6-10）的原假设。式（6-16）为实质性差异检验的 p-值解。

在 6.4 节的实验中，临界值法和 p-值法都会被用到，这两种方法是等价的。

6.4 空间自相关统计量/参数的实质性差异检验法

本节以 MC 和 PSAR 模型的空间自相关参数 ρ 为例，说明大样本量下实质性差异检验法在空间自相关情形下的应用。在建立假设之前，不论是对 MC 还是 ρ，确定它们各自的实质性差异阈值都是解决问题的关键所在。在下述讨论中，将空间划分设定为规则格网的 Rook 邻接，格网的维度在 100×100 至 110×110（即样本量为 10000 至 12100）不等。在此种空间划分下，MC 和 ρ 的值关于零点对称，因此实质性差异的范围也关于零点对称。本节结构安排如下：6.4.1 节和 6.4.2 节分别讨论 MC 和 ρ 的实质性差异阈值的确定，6.4.3 节展示了具体的实验结果。

6.4.1 MC 的实质性差异阈值的确定

由第 4 章中定理 1 和定理 2 知，不论兴趣变量在何种分布假设下，MC 的方差总可由其渐近方差（式（4-12））来近似。在本节对大样本量空间数据自相关进行假设检验的讨论中，MC 的方差采用此渐近形式，即 $2/S_0$，其中 S_0 为空间划分中相邻对的数目。对相同样本量的相同形式的空间划分，S_0 的值保持不变，因此在相同空间划分（包括划分形式和样本数量）下，MC 的渐近方差是平稳的。

由 MC 渐近方差的平稳性，可得 MC 实质性差异阈值的如下性质：

性质 1 MC 实质性差异的阈值适用于在样本量相同的规则格网 Rook 划分下、MC 在 $(-1, 1)$ 内的所有取值。

例如，若对 MC 在零点附近求得实质性差异阈值为 0.1（即在区间 $(-0.1, 0.1)$ 内，MC 的值都可看作是与 0 无实质差异的），则对于中度自相关的 MC 值，如 0.5，自相关强度在区间 $(0.4, 0.6)$ 之间的取值都是与 0.5 无明显差异的。在给出确定 MC 实质性差异阈值方案之前，先给定一个假设。

假设 在相同的空间划分下，任意两个差异在 0.1 之内的 MC 值无实质性差异。

基于此假设，以下给出确定 MC 实质性差异阈值的一种方案。

- 步骤 1　生成行数 P 随机在 $[100, 110]$ 内取值、列数 Q 随机在 $[100, 110]$ 内取

值的 $P \times Q$ 规则格网；
- 步骤 2　在步骤 1 的格子中赋值，使得其在 Rook 下的 MC 值在特定的范围内波动（具体操作见附录 7）；
- 步骤 3　重复步骤 1 和 2，到 10000 次时停止，此时已经生成了 10000 种 MC 值在特定范围内的空间图模式（Spatial Map Pattern）；
- 步骤 4　对步骤 3 中的 10000 个 MC 进行随机影响（Random Effect）的元分析，取随机影响 MC 估计值的 95% 置信区间；
- 步骤 5　以黄金分割比 0.618 乘以以上置信区间上界的值，即得 MC 的实质性差异阈值。

首先说明步骤 2 中的"特定范围"，根据假设，我们认为 MC 值差异大致在 0.1 之内，可看作无实质差异，在本节实验中，0.1 实际上设定成了随机影响的 MC 估计值变化的大致取值，在此设定下，空间图模式上的 MC 实际值可能超出 0.1。其次说明选取黄金分割比的原因，事实上，Callegaro 及其同事取比值 0.5（Callegaro et al., 2019）来进行步骤 5 中的操作，本节换成了黄金分割比，因为它是自然界（和艺术界）广泛存在（和使用）的一个比值（Meisner and Araujo, 2018）。图 6-2 描述了该方案的流程。

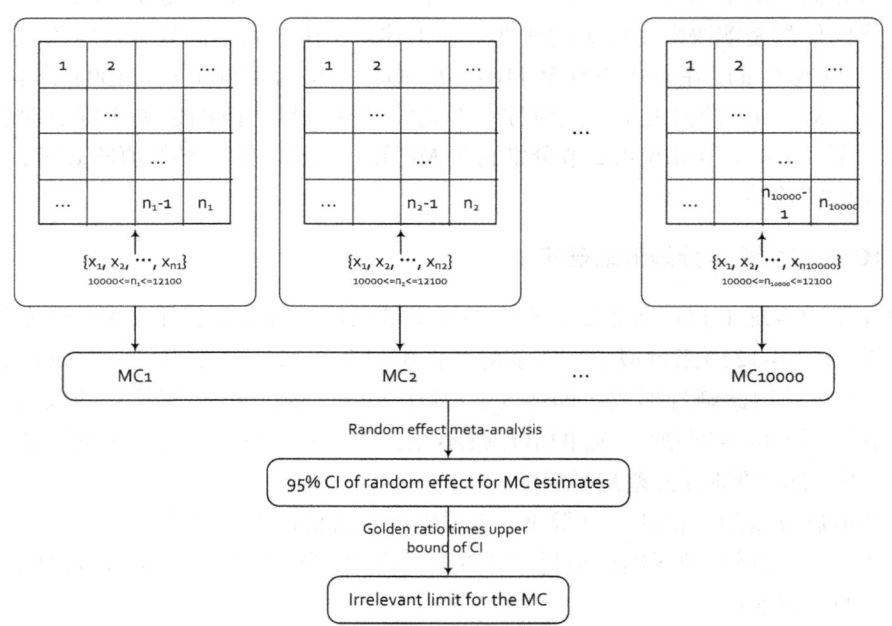

图 6-2　计算 MC 实质性差异阈值方案流程图
（CI 指置信区间（confidence interval）；各组 $\{X_1, X_2, \cdots\}$ 的值不必相同）

6.4.2　ρ 的实质性差异阈值的确定

第 5 章探讨了 SAR 模型的空间自相关参数 ρ 在其可取值范围内或定义域内的方差分布情况，一个简单的事实是，ρ 的方差随着样本量和自相关强度的变化而变化。对于样本量固定的情况，ρ 的方差随自相关(绝对值)强度的增加而减小(参见图 5-5，附图 4-1 至附图 4-3)。由此可得 ρ 的实质性差异阈值的性质：

性质 2 在样本量相同的规则格网 Rook 划分下，不同的 ρ 值具有不同的实质性差异阈值。

根据 ρ 的方差的特性，ρ 的实质性差异范围随着自相关强度的增大而缩小。以下给出确定 ρ 值实质性差异阈值的一种方案。

- 步骤 1 同 6.4.1 节中步骤 1；
- 步骤 2 根据不同 ρ 的参考值，使用与 6.4.1 节中步骤 2 相同的方法(参数设定不同)生成空间地图模式，此空间地图模式的 MC 值对应预先设定的 ρ 的参考值(二者表示强度近似的空间自相关)；
- 步骤 3 重复步骤 1 和步骤 2，到 10000 次时停止，此时已经生成了 10000 种 MC 值在特定范围内的空间图模式；
- 步骤 4 在步骤 3 的基础上，提取各格网中的值作为 PSAR 模型的因变量，估计模型的 ρ 值(对于 10000 组空间模式可得出 10000 个 ρ 的模型估计值)；
- 步骤 5 利用步骤 4 中得到的 ρ 的估计值和第 5 章中给出的 ρ 的估计值的方差(表 5-3 中 Rook 行)进行随机影响的元分析，得出随机影响 ρ 估计值的 95% 置信区间；
- 步骤 6 以黄金分割比 0.618 乘以以上置信区间上界的值，即得 ρ 的实质性差异阈值。

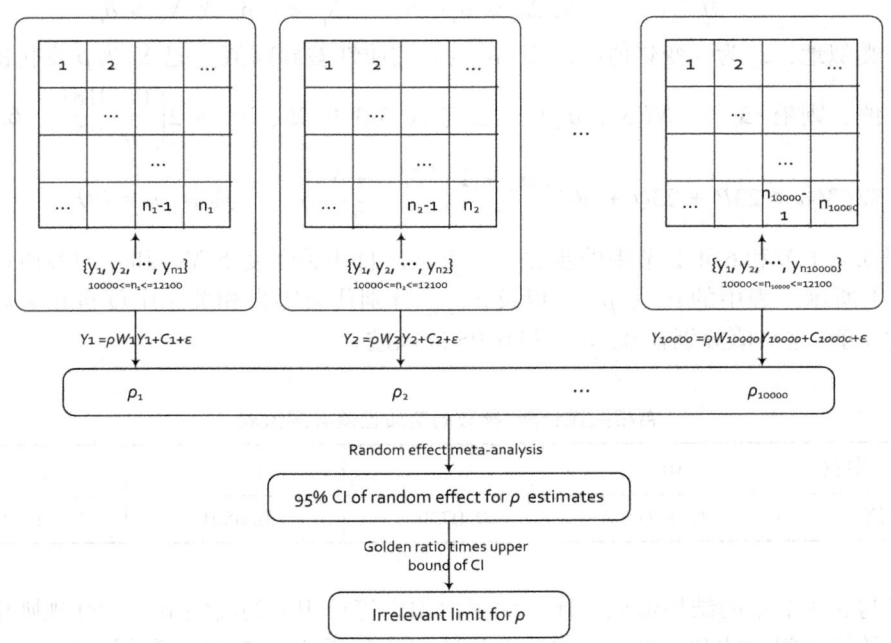

(CI 指置信区间；各组 $\{y_1, y_2, \cdots\}$ 的值不必相同；W_i，C_i，$i = 1, 2, \cdots, 10000$ 分别为行标准化邻接矩阵和常数向量；ε 为多元标准正态分布)

图 6-3 计算 ρ 实质性差异阈值方案流程图

该方案在 6.4.1 节中方案的基础上多出了 PSAR 模型估计 ρ 值的步骤。由于不同的 ρ 值具有不同的实质性差异阈值，所以对于不同的 ρ 的参考值，需要分别利用以上方案得出相应的阈值。这里的 ρ 的参考值取 0，0.7 和 0.95——分别对应随机、中度自相关和强自相关。下面给出了该方案的流程图。

6.4.3 空间自相关实质性差异检验

本小节中空间自相关假设检验对象分别为空间自相关统计量 MC 和 SAR 模型空间自相关参数 ρ，由于大样本量下普通假设检验的 p-值总是显著，这里使用实质性差异检验的方法，对于不同的自相关类型，先采用 6.4.2 节中的方法确定阈值，之后再利用 6.3.3 节中的临界值法和 p-值法求解对应的实质性差异检验问题。以下先分别给出关于 MC 和 ρ 的实质性差异检验表述。

- MC 的实质性差异检验问题

$$H_0^{(\mathrm{MC})}: -\delta_{\mathrm{MC}} \leqslant \Delta_{\mathrm{MC}} \leqslant \delta_{\mathrm{MC}}; \quad H_1^{(\mathrm{MC})}: \Delta_{\mathrm{MC}} < -\delta_{\mathrm{MC}} \text{ 或 } \Delta_{\mathrm{MC}} > \delta_{\mathrm{MC}}. \quad (6-17)$$

其中，Δ_{MC} 为 MC 变化值的期望，δ_{MC} 为 MC 实质性差异阈值。记 $\hat{\Delta}_{\mathrm{MC}}$ 为 MC 变化值的观测值，则有 $\hat{\Delta}_{\mathrm{MC}} \sim N(\Delta_{\mathrm{MC}}, \sigma_0^2)$，$\sigma_0^2 = 2 \times 2/S_0$（因为 $\hat{\Delta}_{\mathrm{MC}}$ 为两个 MC 值相减的结果，由随机变量方差的性质可知 $\hat{\Delta}_{\mathrm{MC}}$ 的方差为原随机变量方差的和[①]），且 $S_0 = 2(2PQ - P - Q)$（参考表 2-1），P 和 Q 分别为规则格网的行数和列数。

- ρ 的实质性差异检验问题

$$H_0^{(\rho)}: -\delta_\rho \leqslant \Delta_\rho \leqslant \delta_\rho; \quad H_1^{(\rho)}: \Delta_\rho < -\delta_\rho \text{ 或 } \Delta_\rho > \delta_\rho. \quad (6-18)$$

类似地，Δ_ρ 为 ρ 变化值的期望，δ_ρ 为 ρ 实质性差异阈值。记 $\hat{\Delta}_\rho$ 为 ρ 变化值的观测值，则有 $\hat{\Delta}_\rho \sim N(\Delta_\rho, \sigma_1^2)$，参考表 5-3 可知，$\sigma_1^2 = 2\left(\dfrac{17.9181}{n^{0.5395}} + 6.7144\right) \cdot 72(36n + 23P + 23Q + 36)\left(\dfrac{\hat{\Delta}_\rho + 1}{2}\right)^{1.4}\left(\dfrac{1 - \hat{\Delta}_\rho}{2}\right)^{1.4}$，其中，$n = PQ$。

根据 6.4.1 节和 6.4.2 节中的步骤，可得不同自相关强度下 MC 和 ρ 的实质性差异阈值如表 6-1 所示。表中的 $\rho_{\sim 0}$，$\rho_{\sim 0.7}$ 以及 $\rho_{\sim 0.95}$ 分别代表零自相关、中度自相关以及高度自相关的 ρ 值（这些值分别在 0，0.7 和 0.95 周围波动）。

表 6-1　　　　　　　　自相关统计量/参数的实质性差异阈值表

统计量/参数	MC	$\rho_{\sim 0}$	$\rho_{\sim 0.7}$	$\rho_{\sim 0.95}$
阈值	0.0631	0.0730	0.0501	0.0242

为了与 5.4 节中的结果形成对比，除了增加中等自相关的案例 100×100 规则格网的模拟数据，随机空间模式和高度空间自相关的数据依然沿用图 5-8(a)和图 5-8(b)。以下是

---

① 这里根据不同空间模式生成的规则可知，相应空间模式的 MC 是相互独立的，因此两两相减后的方差只包含各自的方差的加和，不存在协方差项。

实验的参考数据图。

对 MC,以图 6-4(a)中的数据(MC=0.0051)为对象进行显著性水平为 $\alpha=0.05$ 的假设检验。在常规假设检验下,原假设为"不存在空间自相关"(H_0:$MC_0=-1/(n-1)$,在此例中 $n=10000$), 备择假设为"非零空间自相关",求得置信区间为[−0.0140, 0.0138], p-值为 0.4643,因此接受原假设。在实质性差异检验下,原假设为 $-0.0631 \leqslant \Delta_{MC} \leqslant 0.0631$, 备择假设为 $\Delta_{MC} < -0.0631$ 或 $\Delta_{MC} > 0.0631$,利用临界值法得出置信区间为[−0.0773, 0.0771],利用 p-值法得出 p-值为 1,接受原假设。在新的假设检验下,置信区间更宽,p-值更大,有效避免了在大样本量下无意义地拒绝原假设。

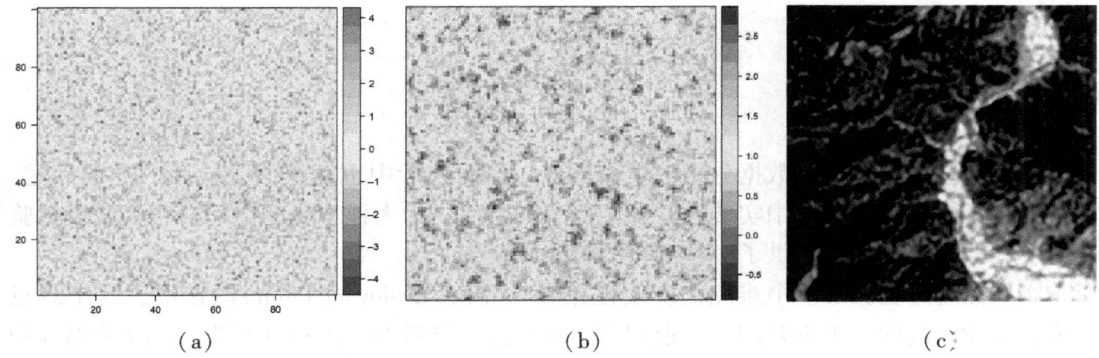

(a)　　　　　　　　　　　(b)　　　　　　　　　　　(c)

(a)来自于标准正态分布的随机数随机地分布在 100×100 的格网中;(b)利用半方差函数在 100×100 格网中模拟的中度自相关(MC=0.5938, ρ=0.7210);(c)截取的 100×100 的黄山地区 2002 年 10 月遥感影像(MC=0.9077, ρ=0.9697)

图 6-4　兴趣变量呈现不同自相关程度的例子

表 6-2 列出了在不同自相关强度下,ρ 的常规假设检验和实质性差异假设检验的结果对比,其中阴影部分为常规假设检验的原假设和结果。可以看到,在实质性差异检验下,置信区间有着明显的增大,p-值也有着显著的增强。这表明,利用实质性差异检验使大样本量下 p-值"总是显著"的问题得到了很好的解决。

表 6-2　　　　　　　　　　ρ 的常规假设检验与实质性差异检验对比

数据		随机分布数据	中度自相关数据	遥感影像数据
变量		模拟的单元格值	模拟的单元格值	正态变换之后的 NDVI
参数估计值 $\hat{\rho}$		0.0101	0.7210	0.9697
原假设		$\rho_0 = 0$	$\rho_0 = 0.7$	$\rho_0 = 0.95$
		$-0.0730 \leqslant \Delta_\rho \leqslant 0.0730$	$-0.0501 \leqslant \Delta_\rho \leqslant 0.0501$	$-0.0242 \leqslant \Delta_\rho \leqslant 0.0242$
备择假设		$\rho_0 \neq 0$	$\rho_0 \neq 0.7$	$\rho_0 \neq 0.95$
		$\Delta_\rho < -0.0730$ 或 $\Delta_\rho > 0.0730$	$\Delta_\rho < -0.0501$ 或 $\Delta_\rho > 0.0501$	$\Delta_\rho < -0.0242$ 或 $\Delta_\rho > 0.0242$

续表

数据	随机分布数据	中度自相关数据	遥感影像数据
95%置信区间	[−0.0275, 0.0275]	[0.6830, 0.7170]	[0.9447, 0.9554]
	[−0.1002, 0.1002]	[0.6329, 0.7671]	[0.9205, 0.9796]
p-值	0.4723	0.0159	5.3034×10^{-13}
	0.9993	0.9910	0.8781
结论	接受原假设	拒绝原假设	拒绝原假设
	接受原假设	接受原假设	接受原假设

6.5 本章小结

与一切基于统计学做数据分析的学科类似，空间统计中也存在假设检验的 p-值问题，本章引入了医学临床研究中实质性差异的概念和方法，为大样本量的空间自相关假设检验 p-值"总是显著"的问题提供了一种可行的解决方案。

实质性差异检验的一个难点是实质性差异临界值(Irrelevant Limit)的选取，这个难点也成了本章解决的一个重要问题。根据空间自相关统计量 MC 和 SAR 模型自相关参数 ρ 的方差的不同特点(在相同样本量下，前者的方差平稳，后者的方差随自相关强度的增大而减小)，本章设计了相应的方案来确定二者的实质性差异阈值。并在此基础上进行实质性差异检验，利用临界值法和 p-值法给出了新形式假设检验下的结论。与常规假设检验的结果相比，该方法得出的结果更具有现实意义，有效避免了仅仅因为大样本量而出现的"假阳性"问题。

简而言之，本章引入实质性差异检验解决了大样本量下空间自相关假设检验的 p-值"总是显著"的问题，并且给出了确定 MC 和 ρ 的实质性差异阈值的一种方案。实验证明，利用此种方案得到的阈值用于实质性差异检验能够很好地避免总是显著的 p-值问题。同时，实质性差异检验的引入为空间数据分析中统计推断的部分提供了一种新的思路；另外，给出的自相关统计量/参数的实质性差异阈值也为判断两种空间模式是否相似提供了量化参考。

第 7 章　总结与讨论

随着互联网和各类传感器技术的飞速发展，各种空间数据的体量呈爆炸式增长；同时，在数据资源公开化的趋势下，数据的获取难度也不断降低；并且计算机软硬件水平的不断提高使处理和分析这类数据成为可能。在此背景下，本书围绕空间面数据的空间自相关统计检验，探讨了常用空间统计量的大样本性质、空间自回归模型的自相关参数非零分布，以及大样本量下的自相关统计量/参数的假设检验问题。另一方面，随着人工智能时代的到来，地理空间人工智能（Geosptial Artificial Intelligence，GeoAI）正在成为地理空间数据研究的新范式。因此，本章在总结前文的基础上，还将探讨在 GeoAI 背景下空间自相关对于地理空间数据分析的意义。

7.1　研究内容总结

本书对大样本量空间面数据展开了以下几个方面的研究工作。

第一，第 4 章讨论了经典空间自相关统计量 MC 和 GR 在大数据量下的统计性质。主要结论有：①MC 的渐近方差比 GR 的渐近方差更稳定，具体表现为，MC 的渐近方差不随兴趣变量概率分布的变化而变化，而 GR 的渐近方差与兴趣变量分布的峰度系数有关；②在不同的空间划分和大样本量下，MC 和 GR 的渐近方差都可以很好地近似精确方差，并且就近似方差的角度，使用 MC 来估计空间自相关比 GR 更有效；③实际数据的空间划分处于最大六边形和规则格网的 Queen 划分之间；④MC 和 GR 呈负的线性关系。另外，该部分还给出了一种 MC 和 GR 功效的可视化方法，该方法基于常规的假设检验和 MC 与 GR 的数学关系式的基础之上；通过功效可视化可发现，MC 并不是在所有情况下都比 GR 具有更强的统计功效——事实上，在常数邻居数的空间划分下，GR 比 MC 更有效，而且，随着样本量的增大和自相关强度的增强，MC 和 GR 的统计功效都趋于 1。对于描述分类数据的 JCS，本章也作了探讨，并且指出了二分类数据的 JCS 与 MC 和 GR 的数值关系。

第 4 章的工作为大样本量的、各种空间划分下的空间数据分析提供了指示作用，为研究者选择恰当的空间自相关统计量提供了理论依据。

第二，在探讨了自相关统计量的基础上，第 5 章将研究对象转移到了空间自回归模型的自相关参数上。立足于现实空间数据多存在正的空间自相关的事实的基础上，本章指出了常规假设检验以零自相关作为原假设的不合理性，并且给出了非零情况下，SAR 模型的非零空间自相关参数 ρ 的抽样分布。本章问题的难点为 ρ 的方差的不稳定性，如何描述这种不稳定性成了解决问题的关键所在。为此，第 5 章给出了三种规则的空间划分（规则格网 Rook 和 Queen 以及六边形划分）下 ρ 的方差与样本量和 ρ 的分析关系，并通过模拟实验验证了所给出的关系方程能够较精确地描述真实 ρ 的方差。以这些结果为基础，以非零空间自相关为原假设的假设检验得到了实现。

第 5 章给出了 SAR 模型的自相关参数 ρ 的非零分布，使进行更合理的假设检验（即原假设为非零空间自相关的假设检验）成为现实。但是这里却引出了另外一个问题，即大样本量下，即使再微小的自相关值的差异也会导致拒绝原假设的结论。

第三，针对第 5 章引出的空间统计情形下的 p-值问题，第 6 章作了相应的讨论。本章的核心内容是首次引入了临床医学试验的"实质性差异"检验来解决大样本量下空间自相关假设检验 p-值总是显著的问题。虽然 p-值问题在统计学相关领域已经被广泛讨论，并且心理学家和统计学家 Cohen 提出了效应量的概念来辅助统计推断的决策（Cohen, 1962; Cohen, 1992; Cohen, 1994）（事实上，效应量已经成了假设检验问题中必须要报告的结果，美国统计学家协会和许多相关杂志已经明确指出研究者们不能只根据显著的 p-值来拒绝原假设），但是在空间统计的文献中对于此问题的讨论却比较罕见。Griffith 在其探讨 SAR 模型雅各比项简化算法的文章中首先从空间自相关参数的角度给出了基于"科学显著性"的推断准则（Griffith, 2015a），该准则中的"决策"统计量实质上也属于效应量的范畴。本章在效应量的概念框架下，从实质性差异的角度出发，给出了 MC 和 ρ 的实质性差异阈值，在此基础上利用实质性差异检验的临界值解法和 p-值解法合理地解决了 p-值在大样本量下"总是显著"的问题。

第 6 章的方法为空间自相关统计量/参数在大样本量假设检验下的 p-值问题提供了一种解决方案，并且给出了不同强度的自相关的实质性差异阈值，该值为空间统计量/参数的实质性差异范围提供了参考。

本书的工作主要有以下几个方面的贡献：

第一，给出了自相关经典统计量 MC 和 GR 的渐近方差的定理以及自相关统计量的统计功效在同一尺度下的可视化方法。定理说明 MC 的渐近方差对兴趣变量的分布不敏感，而 GR 的渐近方差随着兴趣变量分布的变化而变化——兴趣变量分布的峰度直接影响渐近方差的大小。通过作 MC 和 GR 在同一坐标系下的功效图，可清晰地看出 MC 与 GR 的统计功效在不同分布和空间划分下的变化。对于适用于标定（或二元分类）数据的自相关统计量 JCS，其表示同类邻接的 BB 和 WW 的和与 MC 有着精确的数学关系，而表示不同类邻接的 BW 与 GR 有着密切的关系。这些结论对选用恰当的自相关统计量来描述空间数据起到了一定的指示作用。

第二，给出了 SAR 模型非零自相关参数的统计分布。该项工作以空间自回归模型中的假设检验问题为出发点，说明了当前以零空间自相关作为原假设的不合理性，并且指出要进行非零原假设的假设检验，必须描述模型自相关参数方差的变化。事实上，自相关参数的方差随着样本量和自相关强度的变化而变化，在同一样本量下，自相关参数的方差大致呈参数相等且大于 1 的 Beta 分布（形状类似抛物线）。本书用"自相关强度的方差～自相关强度+样本量"的关系方程描述了此种变化。

第三，引入了大样本量自相关统计量/参数假设检验的新方案——实质性差异检验，提供了自相关实质性差异阈值的参考值。由于自相关统计量 MC 的方差在样本量确定时是稳定的，因此，该统计量实质性差异阈值在 MC 的整个可取值范围内是确定的；而自相关

参数 ρ 的方差在样本量确定时是不稳定的,所以它的实质性差异阈值是变化的。本书中的实质性差异阈值是在自相关强度变化大致在 0.1 以内①确定的,这里的 0.1 根据直观经验设定,符合常规情况下人们对"微小差异"的认知。在某些特定情况下,该值可以根据实际需求来设定。这也突出了本书所给的确定实质性差异阈值方法的灵活性。

在本书的研究中,空间划分的假设贯穿始终,尤其第 5 章和第 6 章只将空间划分限定在规则的格网和六边形划分之内。虽然规则格网符合遥感影像数据的特点,六边形划分常用于采样和离散化研究平面(如地球表面),并且第 4 章中也定性地讨论了实际空间划分与设定空间划分之间的关系,但是这些设定的空间划分毕竟是比较理想的、规则的状态,与实际中复杂的划分有一定的差距。因此后续的工作对象可以向不规则划分转移。

另外一点需要改进的是对 SAR 自相关参数方差的表达。表 5-3 中的方程(尤其是六边形划分的情况)形式稍显复杂,在原有的思路基础上,要得到它们更简明和精确的表达需要增加实验的组数。如果希望避免重复增加不同样本量的实验组数来得到结果,那么需要寻求新的方法。

最后一点是自相关统计量/参数实质性差异阈值的确定建立在 6.4.1 节中的假设的基础之上。这个假设具有两面性:一面是灵活性——根据不同的情况可设定不同的"先验"范围,再在此范围内确定具体的阈值;另一面是该值确定的主观性——对于经验不够丰富、参考资料不够齐全的研究者,该"先验"范围的设定存在一定的困难。

本书的研究为海量空间面数据分析中空间自相关统计量的合理选用、建立空间自回归模型中合理的非零自相关参数的原假设提供了理论依据,并且给出了一种适用于大样本量自相关假设检验的方案,有效地解决了自相关情形下的 p-值问题。以上结果和方案可以应用到多种实际场景中,例如在超细粒度(以格网为单元,每个格网中包含 3~5 栋商品住宅楼)下比较两地区经济指标聚集性(即自相关)的差异,并且探索造成差异的原因,等等。当然,完成此类工作可能需要具有不同专业和背景知识的研究者协作,但是本书的结论和思想可以渗透到海量空间面数据分析和建模的多个阶段。

7.2 GeoAI 背景下的空间自相关

作为地理科学与计算机科学的前沿交叉领域,地理空间人工智能(Geospatial Artificial Intelligence,GeoAI)正在成为空间分析的一种新的研究范式。与基于空间统计方法的传统空间分析相比,GeoAI 通过 AI 技术增强了传统方法对数据空间属性(如位置、距离邻接关系等)的表达能力,使其更有能力处理高度复杂的空间关系和大规模空间(时空)数据(Liu and Biljecki,2022;Cao et al.,2023)。与纯粹的 AI 技术相比,GeoAI 致力于提取蕴含于空间数据中的空间显式特征,并将这些特征融入 AI 的建模流程中,建立具有空间适应性的 AI 方法,从而提高一般 AI 方法对于空间信息的处理能力。

融合地理空间思想的各种 AI 技术几乎都属于 GeoAI 的范畴,本部分将讨论的范围聚焦于空间自相关与机器学习(传统机器学习、深度学习模型)的交叉结合中。由于空间自

---

① 即将 0.1 以内的差异视为可忽略的差异。

相关内涵的丰富性与机器学习方法的多样性，当前的研究尚未形成将空间自相关系统融入机器学习工作流程的统一框架（Jemeljanova et al.，2024）。而在实际研究和应用中，空间自相关已经渗透到了利用机器学习方法处理空间数据的整个过程中，包括数据准备、模型构建、模型评估等，从而提高机器学习模型对于空间依赖的捕捉和表达能力。以下将从数据准备、模型构建、模型评估三个方面探讨空间自相关在机器学习方法处理空间数据过程中发挥的作用。

7.2.1 空间自相关与数据准备

数据准备对于任何建模过程至关重要，在机器学习任务中，充分的数据准备是构建高效模型的关键步骤，对模型的性能提高和泛化能力增强都有积极的作用。除了数据收集，机器学习的数据准备还包括探索性数据分析、数据预处理、数据分割等步骤。

1. 探索性空间数据分析

探索性数据分析（Exploratory Data Analysis，EDA）的思想是"让数据为自己说话（Let data speak for themselves）"，主要包括对数据描述性统计的量化或者可视化（例如均值、方差、直方图等）（Komorowski et al.，2016）。探索性空间数据分析（Exploratory Spatial Data Analysis）在建模之前对数据进行描述性空间统计的量化或者可视化，从而获得对数据的空间分布特征的直观认识（Bivand，2010）。描述性空间统计包括全局和局部空间统计量及其相应的可视化呈现，例如空间变量的空间分布图、Moran 散点图（Anselin，1995）、冷热点图（Getis and Ord，1992）等。

探索性空间数据分析通过识别数据在空间上的聚集性，可为机器学习的后续过程如特征选取与构造提供方向。早在 2009 年，Kanevski 等提出探索性空间数据分析与机器学习算法（支持向量机、神经网络等）进行结合，自动提取空间特征并实现空间异常值检测从而提高机器学习模型对于空间环境数据的适用性（Kanevski et al.，2009）。近年来，探索性空间数据分析与机器学习结合的方法被更广泛地应用在多个学科（如地球化学、区域规划、考古与文化遗产等）和研究主题中。在地层化学物质勘探过程中，Zuo 和 Xiong 通过探索性空间数据分析识别化学元素的空间聚集模式，并结合主成分分析和深度自编码器网络（Deep Auto-Encoder Network（Hinton and Salakhutdinov，2006））优化矿产资源勘测（Zuo and Xiong，2020）。Ojo 在发展中国家的小区域分类问题中，将 GIS 技术与机器学习方法相结合，通过探索性空间数据分析识别人口流动的热点区域，优化政策干预的空间优先级（Ojo，2020）。Castiello 在考古遗址建模中，利用探索性空间数据分析遗址分布的空间异常点检测，从而指导随机森林模型的特征筛选（Castiello，2022）。

2. 基于空间插值方法的缺失数据填补

数据缺失是实际研究中常常遇到的问题，在空间数据分析的背景下，对于缺失数据的补全已经有比较成熟的插值方法，例如反距离加权（Inverse Distance Weighting，IDW）（Shepard，1968）、自然邻域法（Natural Neighbor Interpolation，NaNI）（Sibson，1981）、样条插值（Spline Interpolation）（Hall and Meyer，1976）、克里金（Kriging）插值（Matheron，1963）等。

反距离加权方法的赋权原则是权重与距离成反比，与目标区域越临近的区域赋值越大，该方法计算简单快速，适合用于分布均匀的数据，对于局部差异比较大的数据，反距离加权的结果存在局限性（Lam，1983）。自然领域法基于 Voronoi 图划分，根据重叠面积比例设置权重，能够自动适应数据的不同密度，适用于不规则分布数据，但是对于数据点稀疏的区域，插值的表面可能出现不连续的尖峰，可通过引入局部平滑的方法来改善尖峰。样条插值生成全局平滑的表面，比较适合连续变量的情形，但是对异常值比较敏感。以上三种方法为确定性空间插值方法，没有明确的统计假设，在插值的过程中大多忽略了空间自相关，适用于数据分布均匀的情况。

克里金系列插值方法属于地统计的范畴，基于半变异函数构建空间自相关对于距离的变化模型，大多需要满足数据的平稳性假设（例如，均值和方差在空间保持不变）。普通克里金（Ordinary Kriging）需要拟合半变异函数，计算较为复杂，对于非平稳的数据需结合非平稳模型（如局部克里金）来改善插值效果（Li and Heap，2014）。协同克里金（Cokriging）可以利用辅助变量提升精度，适用于主变量样本点稀少但辅助数据丰富的情况，特别当主变量和辅助变量具有高度相关性时，协同克里金具有较强的优势（Comber and Zeng，2019）。回归克里金（Regression Kriging）结合线性或者非线性回归模型和残差插值具有可处理非平稳的优势，但是高度依赖回归模型的准确性（Pebesma，2006）。

近年来，空间数据插值也大量引入了机器学习模型。相较于传统的空间插值和随机森林模型，结合临近观测点位置和距离等空间显式特征的随机森林在大规模高分辨率预测中计算速度显著提升，且效果优于回归克里金和反距离加权（Sekulic et al.，2020）。此外，在空间插补得到缺失数值的基础上训练机器学习模型，并且引入长短时期记忆网络时间聚类分析，通过迁移学习可提升房产价格的估计精度（Jafary et al.，2024）。在数据密集型的空间插值任务上，融合空间临近特征，并且提供高分辨率不确定性地图的分位数回归随机森林空间插值方法（Mariano and Monica，2021）不仅提高了预测精度，在计算效率上已相较于克里金方法有了明显的突破。

3. 融入空间特征的数据集分割

机器学习的效果往往与训练集的质量息息相关，在涉及空间数据的分类或者预测任务中，训练集保有原数据集的空间特征、对原数据具有高度代表性对学习的效果十分重要。空间数据的空间自相关使得相邻样本具有相似性，如果训练集中有过多的邻近样本，那么模型在训练集上可能表现优异，但是在未知区域效果较差。另一方面，传统的随机划分无法保证空间数据的训练集和测试集之间的独立性，如果测试集中包含与训练集相关的样本，那么模型的泛化误差也会被低估。

为了提高机器学习在空间数据处理上的性能，学界在空间数据集分割方面做了许多的工作。Millard 与 Richardson 指出训练集和验证集中独立样本的数量要尽可能多，训练集数据的空间自相关要尽可能小，这样能减少模型过拟合的风险（Millard and Richardson，2015）；对于多类别的数据，需采用无偏抽样方法得到类别比例与实际分布一致的训练样本。Ramezan 等考察了不同抽样方法与交叉检验策略对于机器学习方法对高分辨率遥感数据分类结果的影响，指出利用分层随机采样得到的训练集可以帮助模型得到最好的分类效果（Ramezan et al.，2019）。Salazar 等提出了"公平"训练-测试集划分（Fair Train-Test Split）方法来提高机器学习模型的预测精度，由于传统随机划分因空间自相关导致测试集预测难度与实际应用场景难度不符合,该方法以简单克里金方差量化空间预测的代理难度,通过改进的拒绝采样生成与实际空间预测难度相当的测试集,确保测试集与真实应用难度的匹配,从而避免了传统方法的"过易"或者"过难"的问题(Salazar et al., 2022)。

7.2.2 空间自相关与模型构建

特征选择和构建是机器学习流程中十分重要的步骤,对于原始数据有良好表征的特征能够降低模型过拟合的风险,提高计算效率和预测/分类精度(Cai et al., 2018;Moslemi, 2023)。随着机器学习方法越来越多地应用到了涉及空间数据分析的研究中,空间自相关也被灵活嵌入进了特征工程。例如,基于Tobler地理学第一定律(Tobler, 1970),Li等通过将二维的地形特征序列化为一维特征,提出弱监督目标检测策略,为地形识别的训练数据不足问题提供了新的解决方案(Li et al., 2021)。Zhao等结合相关分析与时间序列分析提取数据的时空特征,并通过启发式算法与强化学习的融合提升了空气质量指数预测精度(Zhao et al., 2022)。Yamani等开发了空间感知(Spatially-Aware)模型无关(Model-Agnostic)的机器学习框架,为地球物理数据提供空间特征选择与模型验证功能(Yamani et al., 2023)。

在模型构建过程中,空间自相关融入机器学习框架有两种主要方式:一种方式是空间显性协变量整合,即将空间特征或者空间关系进行量化,然后将其作为协变量或者输入特征加入模型当中;另一种方式是将空间特征作为调整模型训练策略的依据,从而提高模型的训练效果。

在目前的研究中,第一种方式更为常见。例如,将目标变量的空间滞后项(Li et al., 2023a)或者是能捕捉多尺度空间依赖的莫兰特征向量空间滤波(Moran Eigenvector Spatial Filtering, MESF)(Islam et al., 2022;Liu et al., 2022)等变量作为空间预测因子纳入模型;或者融合空间自相关与多源环境变量的综合空间指数作为模型的输入(Li et al., 2023b)提高模型对空间特征的表达能力;或者将地理空间特征,比如地理位置等信息编码为层次化特征表达,通过将特征聚合提升预测/分类精度(van den Ende and Ampuero, 2020)。对于第二种方式,一个代表性的案例是利用残差空间协方差量化样本的空间依赖关系,并依此调整训练样本权重从而减少模型的过拟合风险(Misiuk and Brown, 2023)。

空间自相关以多种形式参与到特征提取与模型构建的过程中,在实际研究问题中,研究者可以根据数据的情况与研究目标灵活设计技术方案,将空间自相关嵌入建模过程中。

7.2.3 空间自相关与模型评估

模型评估是确保机器学习模型有效性和可靠性的核心环节,覆盖性能指标、验证方法、误差诊断、可解释性与公平性等方面。本部分从误差诊断和验证方法两方面讨论空间自相关在机器学习模型评估过程中发挥的作用。

随着机器学习方法应用于空间数据分析的成熟,模型残差的空间自相关检验已成为机器学习模型诊断的必要工具(Brugere et al., 2023;Kmoch et al., 2025;Tepe, 2024)。地理空间数据存在空间依赖性,与机器学习算法固有的数据独立性假设存在矛盾。如果残差自相关显著,那么意味着机器学习模型并未充分捕捉数据的空间特性,模型需进一步改进。

　　空间交叉验证评估机器学习模型对于空间数据的泛化能力，其核心原则是在划分数据时保持不同数据集的空间独立性，防止邻近样本的信息"泄露"。空间交叉验证技术通过系统分区策略扩展了传统验证方法，明确保持训练集与验证集之间的空间独立性（Sun et al.，2023a）。

　　空间交叉验证的空间原理主要体现在三个方面：空间隔离、空间异质性适应以及时空联合约束。空间隔离需要保证训练集和验证集之间在空间上没有重叠区域，例如空间分块交叉验证（Spatial block Cross Validation）（Roberts et al.，2017）、空间聚类交叉验证（Spatial Clustering Cross Validation）（Brenning，2012）、留一位置交叉验证（Leave-One-Location-Out Cross Validation）（Considine et al.，2021）、缓冲区排除法（buffer exclusion）交叉验证（Wenger and Olden，2012）等都属于空间隔离的范畴。空间异质性适应需要保证不同地理区域的样本均匀分布在训练集和测试集中，一种代表性的方法为空间分层交叉验证（Spatial Stratification Cross Validation）（Costa et al.，2022）。当存在时间和空间的约束时，时空联合交叉验证（Spatiotemporal Constraints）（Zanetti et al.，2022）是一种常常被采用的方法，这种方法防止模型从未来时间或者临近空间获取信息。表7-1对比了各种空间交叉验证方法的特点、优缺点以及适用场景。

表7-1　　　　　　　　　　　　　空间交叉验证方法对比

方法	特点	优点	缺点	应用场景
空间分块交叉验证	将地理区域划分为空间上不相重叠的格网或者行政区块	严格的空间隔离，简单直观	块内部的空间异质性可能被忽略，边界效应	大规模的空间数据（比如大范围的遥感影像植被数据（Cook et al.，2024））
空间聚类交叉验证	根据空间临近性聚类	自适应数据分布，划分灵活	聚类参数敏感，计算成本较高	不均匀分布样本（例如生态类数据（Wang et al.，2023））
留一位置交叉验证	每次留一个位置的全部样本作为验证集，其他位置的样本作为训练集	严格评估模型对未见位置的泛化能力	计算成本极高	离散地理位置数据（例如野火数据（Watson et al.，2019））
缓冲区排除交叉验证	为验证样本创建缓冲区，排除临近训练样本	灵活控制自相关范围，直观易用	缓冲区半径需经验设定，训练数据减少	明确自相关范围的数据（例如物种丰度数据（Mushagalusa et al.，2024））
空间分层交叉验证	在分层抽样中强制每层样本空间分散	保证类别与空间均衡，减少偏差	分层需要先验知识，复杂的数据难以适用	多类别分类任务（例如（Beigaite et al.，2022））
时空联合交叉验证	按时间顺序划分训练/验证集，同时保证空间隔离	符合实际预测场景，时间和空间的双重独立性	时空复杂性高，计算成本极高	时空序列数据（例如（Kresova and Hess，2022））

空间自相关与机器学习的结合是 GeoAI 时代的一个新的研究趋势。在方法论层面，空间自相关作为空间统计学重要的方法论之一与经典空间数据分析建模的核心内容，为机器学习提供空间依赖的理论表达与约束，在数据准备、模型构建与模型评估等方面都发挥着重要的作用。空间动态依赖表达、非平稳空间过程建模、多尺度空间特征融合等都是需要深入研究的方向。在计算效率方面，随着数据量的爆炸与数据源的多样化，大规模空间数据的高效处理与实时推理对融入空间特征的机器学习算法提出了新的要求。在可解释性方面，结合时空因果推断与机器学习是一个值得期待的研究方向。另外，空间+机器学习自动化也是未来 GeoAI 研究的挑战，需建立空间自相关诊断、特征生成、模型选择(空间统计模型/机器学习模型/混合模型)、不确定性可视化的自动化流程。总之，空间自相关与机器学习的深度结合将推动地理空间分析从统计建模到智能决策的转变，并在多种交叉领域，如气候变化、智慧城市、公共卫生等，兼顾预测/分类精度与科学的可解释性，解决传统统计方法难以应对的高维、非线性，以及传统机器学习方法难以应对的动态空间等问题。

附　　录

附录1　生成不同平面结构的空间邻接矩阵的 R 代码

```
# p,q 可修改为需要的值
#(1)线性结构
p <- 1
q <- 9
n <- p * q

c_lin <- matrix(0,nrow=n,ncol=n)
for(i in 1:n){
  for(j in 1:n){
    if(j==i+1|j==i-1)
      c_lin[i,j] <- 1
  }
}

# (2)环状结构
p <- 1
q <- 9
n <- p * q

c_cir <- matrix(0,nrow=n,ncol=n)
c_cir[1,n] <- 1
c_cir[n,1] <- 1
for(i in 1:n){
  for(j in 1:n){
    if(j==i+1|j==i-1)
      c_cir[i,j] <- 1
  }
}
```

```
#(3)规则格网 Rook 结构
p <- 3
q <- 3
n <- p * q

c_rook <- matrix(0,nrow=n,ncol=n)
for(i in 1:n){
  for(j in 1:n){
    if((j==i+1&i%%q!=0)|(j==i-1&(i-1)%%q!=0)|j==i-q|j==i+q)
      c_rook[i,j] = 1
  }
}

#(4)胎状 Rook 结构
p <- 4
q <- 3
n <- p * q

c_trook <- matrix(0,nrow=n,ncol=n)

for(i in 1:n){
  for(j in 1:n){
    if((j==i+1&i%%q!=0)|(j==i-1&(i-1)%%q!=0)|j==i-q|j==i+q)
      c_trook[i,j] <- 1
  }
}

for(i in 1:q){
  c_trook[i,(p-1)*q+i] <- 1
  c_trook[(p-1)*q+i,i] <- 1
}
for(j in 1:p){
  c_trook[(j-1)*q+1,(j-1)*q+1+q-1] <- 1
  c_trook[(j-1)*q+1+q-1,(j-1)*q+1] <- 1
}

#check correctness--row sum
```

```
rowsumc_trook = matrix(0,nrow = p * q,ncol = 1)
for(i in 1:n){
  rowsumc_trook[i,1] <- sum(c_trook[,i])
}
max(rowsumc_trook)
min(rowsumc_trook)

#(5)规则格网 Queen 结构
p <- 4
q <- 4
n <- p * q


#p <- 30
#q <- 30
#n <- p * q


c_queen <- matrix(0,nrow = n,ncol = n)
for(i in 1:n){
  for(j in 1:n){
    if((j==i+1&i%%q!=0)|(j==i-1&(i-1)%%q!=0)
      |j==i-q|(j==i-q-1&(i-q-1)%%q!=0)
      |(j==i-q+1&(i-q)%%q!=0)
      |j==i+q|(j==i+q-1&(i+q-1)%%q!=0)
      |j==i+q+1&(i+q)%%q!=0)
      c_queen[i,j] <- 1
  }
}

#write.table(c_queen,"sq-30-by-30.txt",row.names = FALSE,col.names = FALSE)

queen_eigen <- eigen(c_queen)
queen_eigen $ values

#(6)胎状 Queen 结构
p <- 4
q <- 3
n <- p * q
```

```
c_tqueen <- matrix(0,nrow=n,ncol=n)
for(i in 1:n){
  for(j in 1:n){
    if((j==i+1&i%%q!=0)|(j==i-1&(i-1)%%q!=0)
       |j==i-q|(j==i-q-1&(i-q-1)%%q!=0)
       |(j==i-q+1&(i-q)%%q!=0)
       |j==i+q|(j==i+q-1&(i+q-1)%%q!=0)
       |j==i+q+1&(i+q)%%q!=0)
      c_tqueen[i,j] <- 1
  }
}

for(i in 1:q){
  c_tqueen[i,(p-1)*q+i] <- 1
  c_tqueen[(p-1)*q+i,i] <- 1
  if(((p-1)*q+i-1)%%q!=0){
    c_tqueen[i,(p-1)*q+i-1] <- 1
    c_tqueen[(p-1)*q+i-1,i] <- 1
  }

  if((p-1)*q+i<n){
    c_tqueen[i,(p-1)*q+i+1] <- 1
    c_tqueen[(p-1)*q+i+1,i] <- 1}
}

for(j in 1:p){
  c_tqueen[(j-1)*q+1,(j-1)*q+1+q-1] <- 1
  c_tqueen[(j-1)*q+1+q-1,(j-1)*q+1] <- 1

  if((j-1)*q+1+q-1+q<=n){
    c_tqueen[(j-1)*q+1,(j-1)*q+1+q-1+q] <- 1
    c_tqueen[(j-1)*q+1+q-1+q,(j-1)*q+1] <- 1
  }
  if((j-1)*q+1+q-1-q>=q){
    c_tqueen[(j-1)*q+1,(j-1)*q+1+q-1-q] <- 1
    c_tqueen[(j-1)*q+1+q-1-q,(j-1)*q+1] <- 1
  }
}
```

```r
c_tqueen[1,n] <- 1
c_tqueen[n,1] <- 1
c_tqueen[n-q+1,q] <- 1
c_tqueen[q,n-q+1] <- 1

#check correctness--row sum-c_tqueen
rowsumc_tqueen <- matrix(0,nrow=p*q,ncol=1)
for(i in 1:n){
    rowsumc_tqueen[i,1] <- sum(c_tqueen[,i])
}
max(rowsumc_tqueen)
min(rowsumc_tqueen)

#(7)六边形结构
p <- 30
q <- 30
n <- p*q

c_hexagon <- matrix(0,nrow=n,ncol=n)
for(i in 1:n){
    for(j in 1:n){
        if(((j==i+1&i%%q!=0)|(j==i-1&(i-1)%%q!=0)
            |j==i-q
            |((j==i-q-1)&((i-q-1)%%q!=0)&((i-floor(i/q)*q)%%2!=0))#&(i%%q!=0))
            |((j==i-q-1)&(i%%q==0)&q%%2!=0)
            |(j==i-q+1&(i-q)%%q!=0&(i-floor(i/q)*q)%%2!=0)
            |j==i+q
            |(j==i+q-1&(i+q-1)%%q!=0&((i-floor(i/q)*q)%%2==0&i%%q!=0))
            |((j==i+q-1)&(i%%q==0)&(q%%2==0))
            |j==i+q+1&(i+q)%%q!=0&(i-floor(i/q)*q)%%2==0)
            c_hexagon[i,j] <- 1
    }
}

hex_eigen <- eigen(c_hexagon)
hex_eigen $ values
```

附录 2 MC 和 GR 关系式 (4-5) 的数学证明

证明：将式 (4-1) 代入式 (4-5) 得

$$\frac{(n-1)\left[2\sum_{i=1}^{n}(x_i-\bar{x})^2\left(\sum_{j=1}^{n}c_{ij}\right)-2\sum_{i=1}^{n}\sum_{j=1}^{n}c_{ij}(x_i-\bar{x})(x_j-\bar{x})\right]}{2\sum_{i=1}^{n}\sum_{j=1}^{n}c_{ij}\sum_{i=1}^{n}(x_i-\bar{x})^2}.$$

比较上式与式 (4-2)，只需证明分子的相等性即可。因为 $(x_i-x_j)^2 = [(x_i-\bar{x})-(x_j-\bar{x})]^2$，且矩阵 C 为对称阵，将式 (4-2) 分子展开

$$\sum_{i=1}^{n}\sum_{j=1}^{n}c_{ij}(x_i-x_j)^2$$

$$=\sum_{i=1}^{n}\sum_{j=1}^{n}c_{ij}(x_i-\bar{x})^2-2\sum_{i=1}^{n}\sum_{j=1}^{n}c_{ij}(x_i-\bar{x})(x_j-\bar{x})+\sum_{i=1}^{n}\sum_{j=1}^{n}c_{ij}(x_j-\bar{x})^2$$

$$=2\sum_{i=1}^{n}\sum_{j=1}^{n}c_{ij}(x_i-\bar{x})^2-2\sum_{i=1}^{n}\sum_{j=1}^{n}c_{ij}(x_i-\bar{x})(x_j-\bar{x})$$

$$=2\sum_{i=1}^{n}(c_{i1}+c_{i2}+\cdots+c_{in})(x_i-\bar{x})^2-2\sum_{i=1}^{n}\sum_{j=1}^{n}c_{ij}(x_i-\bar{x})(x_j-\bar{x})$$

$$=2\sum_{i=1}^{n}(x_i-\bar{x})^2\left(\sum_{j=1}^{n}c_{ij}\right)-2\sum_{i=1}^{n}\sum_{j=1}^{n}c_{ij}(x_i-\bar{x})(x_j-\bar{x}).\quad 即证。\square$$

附录3 SAR 模型参数的极大似然估计

$$\hat{\sigma}^2 = (Y - X\beta)^{\mathrm{T}}(I - \rho W)^{\mathrm{T}}(I - \rho W)(Y - X\beta)/n \quad \text{(附 3-1)}$$

$$\hat{\beta} = [X^{\mathrm{T}}(I - \rho W)^{\mathrm{T}}(I - \rho W)X]^{-1}X^{\mathrm{T}}(I - \rho W)^{\mathrm{T}}(I - \rho W)Y \quad \text{(附 3-2)}$$

$$\hat{\rho} = \underset{|\hat{\rho}|<1}{\mathrm{argmin}}\left\{\left[\prod_{i=1}^{n}(1 - \rho\lambda_i)\right]^{-2/n}(Y - X\beta)^{\mathrm{T}}(I - \rho W)^{\mathrm{T}}(I - \rho W)(Y - X\beta)\right\}$$

$$\text{(附 3-3)}$$

其中,$\lambda_i(i = 1, 2, \cdots, n)$ 为矩阵 W 的特征根。

附录4 关于 $\text{Var}(\hat{\rho})_{\text{asy}}$ 的模拟实验情况

附表4-1　　　　　　　　　　模拟实验实施情况汇总

规则格网 Rook			规则格网 Queen			六边形划分		
样本量	方法数	重复次数	样本量	方法数	重复次数	样本量	方法数	重复次数
10×10	3	3 * 21 * 10,000	10×10	3	3 * 29 * 10,000	10×10	3	3 * 28 * 10,000
15×15	2	2 * 21 * 10,000	15×15	2	2 * 29 * 10,000	15×15	2	2 * 28 * 10,000
20×20	2	2 * 21 * 10,000	20×20	2	2 * 29 * 10,000	20×20	2	2 * 28 * 10,000
25×25	2	2 * 21 * 10,000	25×25	1	29 * 10,000	25×25	2	2 * 28 * 10,000
30×30	2	2 * 21 * 10,000	30×30	1	29 * 10,000	30×30	2	2 * 28 * 10,000
35×35	2	2 * 21 * 10,000	35×35	1	29 * 10,000	35×35	2	2 * 28 * 10,000
40×40	2	2 * 21 * 10,000	40×40	1	29 * 10,000	40×40	2	2 * 28 * 10,000
45×45	2	2 * 21 * 10,000	45×45	1	29 * 10,000	45×45	1	28 * 10,000
50×50	2	2 * 21 * 10,000	50×50	1	29 * 10,000	50×50	1	28 * 10,000
55×55	2	2 * 21 * 10,000	55×55	1	29 * 10,000	55×55	1	28 * 10,000
60×60	2	2 * 21 * 10,000	60×60	1	29 * 10,000	60×60	1	28 * 10,000
65×65	2	2 * 21 * 10,000	65×65	1	29 * 10,000	65×65	1	28 * 10,000
70×70	2	2 * 21 * 10,000	70×70	1	29 * 10,000	70×70	1	28 * 10,000
75×75	2	2 * 21 * 10,000	75×75	1	29 * 10,000	75×75	1	28 * 10,000
80×80	2	2 * 21 * 10,000	80×80	1	29 * 10,000	80×80	1	28 * 10,000
85×85	2	2 * 21 * 10,000	85×85	1	29 * 10,000	85×85	1	28 * 10,000
90×90	2	2 * 21 * 10,000	90×90	1	29 * 10,000	90×90	1	28 * 10,000
95×95	2	2 * 21 * 10,000	95×95	1	29 * 10,000	95×95	1	28 * 10,000
100×100	2	2 * 21 * 10,000	100×100	1	29 * 10,000	100×100	1	28 * 10,000
105×105	2	2 * 21 * 10,000	105×105	1	29 * 10,000	105×105	1	28 * 10,000
110×110	2	2 * 21 * 10,000	110×110	1	29 * 10,000	110×110	1	28 * 10,000
115×115	2	2 * 21 * 10,000	115×115	1	29 * 10,000	115×115	1	28 * 10,000
120×120	2	2 * 21 * 10,000	120×120	1	29 * 10,000	120×120	1	28 * 10,000
125×125	2	2 * 21 * 10,000	125×125	1	29 * 10,000	125×125	1	28 * 10,000

因为计算精确的雅各比形式非常耗时，所以在样本量超过100时，精确形式+旧的极大似然估计算法未被采用(SQ15-20，H15-40除外)。以下对 SAS 中的雅各比导数进行必

要的说明。

对于 PSAR 模型，SAS 中处理的线性回归模型的形式为（Griffith，1988）

$$\boldsymbol{Y} \cdot \mathrm{Jac} = [\rho \boldsymbol{WY} + (1-\rho)\beta_0 \boldsymbol{1} + \boldsymbol{\varepsilon}] \cdot \mathrm{Jac}. \quad （附 4-1）$$

上式两边对 ρ 求导，并结合 $\partial(\boldsymbol{Y} \cdot \mathrm{Jac})/\partial \rho = \mathrm{Jac} \cdot \partial \boldsymbol{Y}/\partial \rho + \boldsymbol{Y} \cdot \partial \mathrm{Jac}/\partial \rho$ 可得

$$\mathrm{Jac} \cdot \frac{\partial \boldsymbol{Y}}{\partial \rho} = [\rho \boldsymbol{WY} + (1-\rho)\beta_0 \boldsymbol{1} - \boldsymbol{Y}]\frac{\partial \mathrm{Jac}}{\partial \rho} + (\boldsymbol{WY} - \beta_0 \boldsymbol{1}) \cdot \mathrm{Jac}. \quad （附 4-2）$$

式（附 4-2）即为正确的雅各比导数形式，SAS 中的 $\partial(\boldsymbol{Y} \cdot \mathrm{Jac})/\partial \rho$ 应该被替换掉。

附图 4-1 至附图 4-3 展示了模拟实验中不同样本量下 $\hat{\rho}$ 的渐近方差的分布情况。

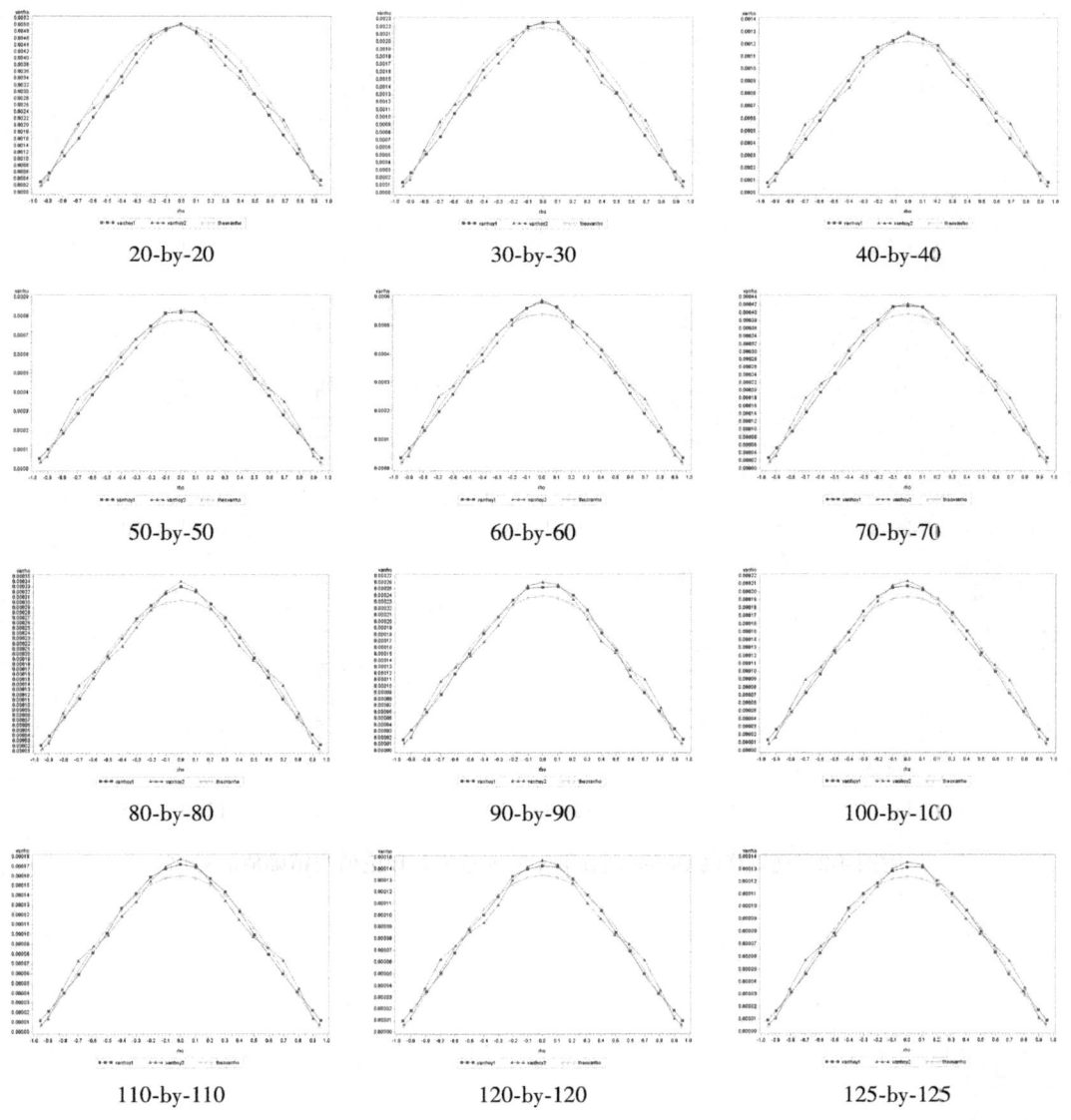

附图 4-1　规则格网 Rook 划分下 $\hat{\rho}$ 的渐近方差理论值与精确值的对比

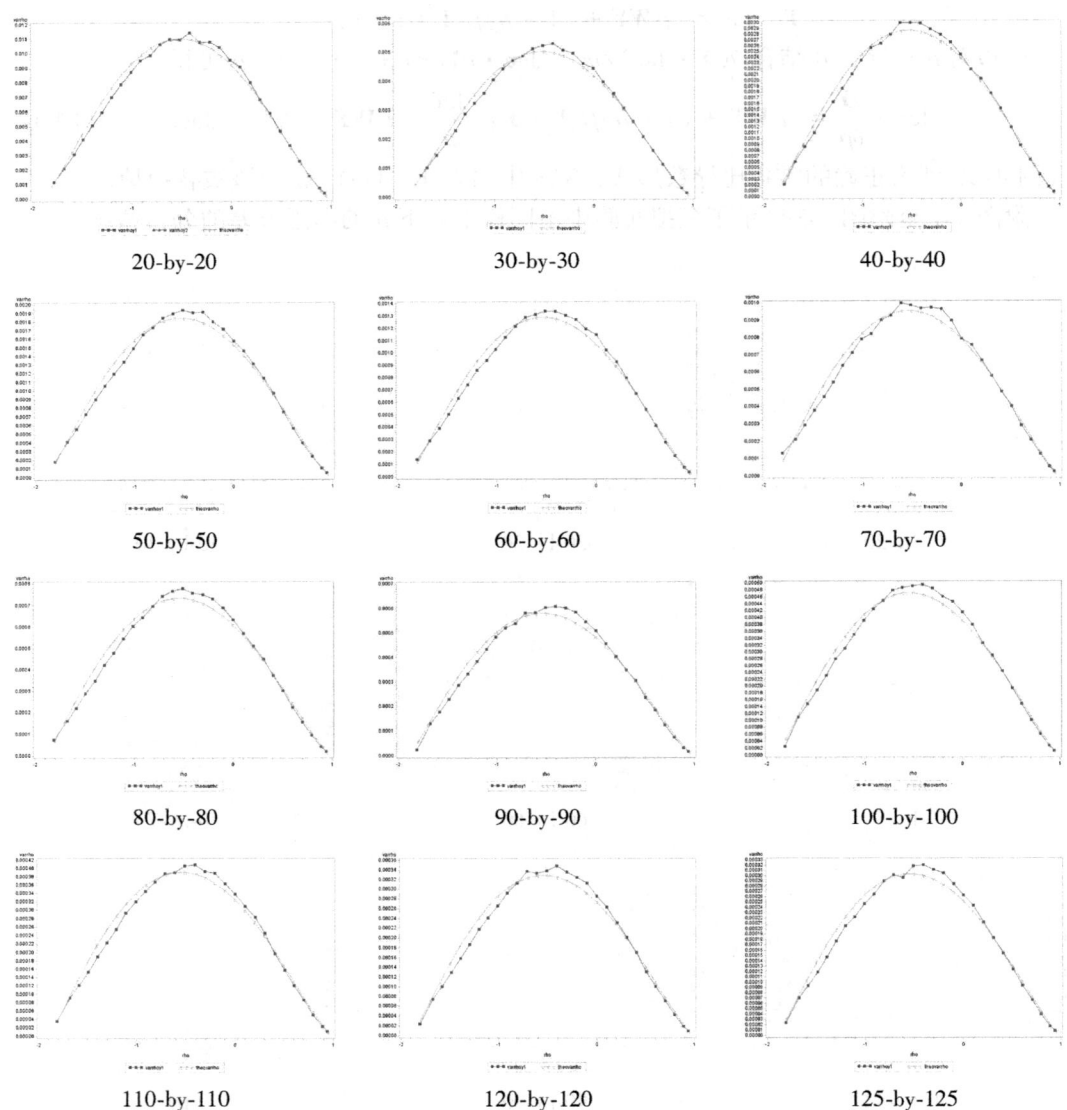

附图 4-2　规则格网 Queen 划分下 $\hat{\rho}$ 的渐近方差理论值与精确值的对比

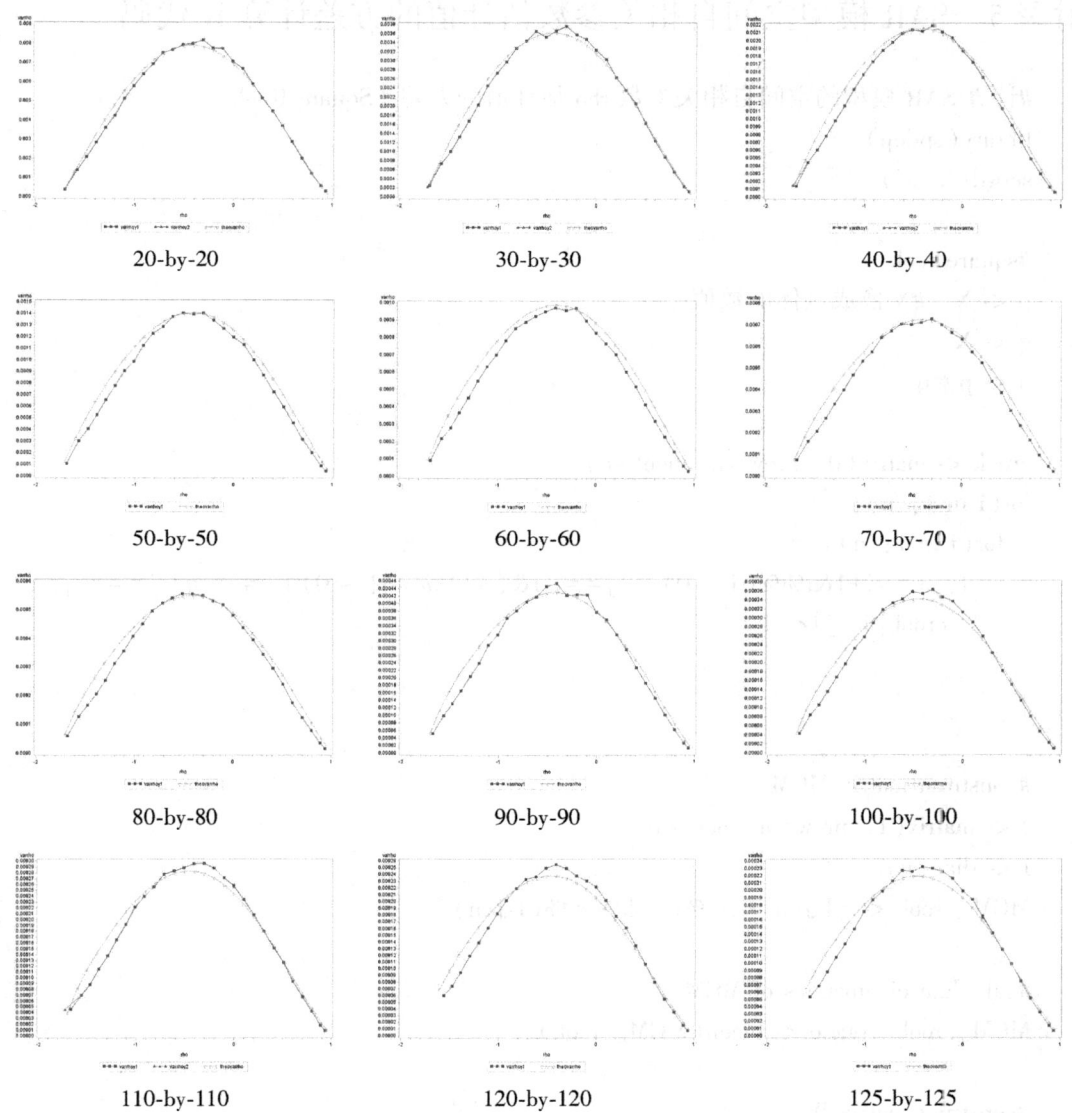

附图 4-3 六边形划分下 $\hat{\rho}$ 的渐近方差理论值与精确值的对比

附录5　SAR 模型空间自相关参数估计值的方差计算 R 代码

```r
#计算 SAR 模型的空间自相关参数 rho 估计值的方差（Square Rook）
library(spdep)
setwd('...')

#square rook
p <- X    #X 换成具体的数值
q <- X
n <- p * q

crook <- matrix(0, nrow=n, ncol=n)
for(i in 1:n){
  for(j in 1:n){
    if((j==i+1&i%%q!=0) | (j==i-1&(i-1)%%q!=0) | j==i-q | j==i+q)
      crook[i, j] <- 1
  }
}

#construct matrix MCM
J <- matrix(1, nrow=n, ncol=n)
I <- diag(n)
MCM_rook <- (I-J/n)%*%crook%*%(I-J/n)

#calculate eigenvalues of MCM
MCM_rook_eigen <- eigen(MCM_rook)

#construct matrix W
crowsum_rook <- matrix(0, nrow=1, ncol=n)
for(i in 1:n){
  crowsum_rook[1, i] <- sum(crook[i,])
}

D_rook <- diag(c(crowsum_rook^-1))
W_rook <- sqrt(D_rook)%*%crook%*%sqrt(D_rook)
```

```
W_rook_eigen <- eigen(W_rook)

#calculate mc and gr
ones <- matrix(1, nrow=n, ncol=1)
mc_rook <- (n/(t(ones)%*%crook%*%ones))*MCM_rook_eigen$values

mean_mc_rook <- -1/(n-1)

#creat neighbour list
nb_rook <- cell2nb(p, q)
listw_rook <- nb2listw(nb_rook, style="W")

#sar models for different n
model <- vector("list", n)
for(i in 1:n){
    model[[i]] <- errorsarlm(MCM_rook_eigen$vectors[,i] ~ 1, listw=listw_rook, tol.solve=1e-25)
}

rho_rook <- rep(0, n)
ssigma_rook <- rep(0, n)
for(i in 1:n){
   rho_rook[i] <- model[[i]]$lambda
   ssigma_rook[i] <- model[[i]]$s2
}

#calculate variance of rho_rook
ratio1_rook <- rep(0, n)
ratio2_rook <- rep(0, n)
for(i in 1:n)
   for(j in 1:n){
        ratio1_rook[i] <- ratio1_rook[i]+W_rook_eigen$values[j]^2/(1-rho_rook[i]*W_rook_eigen$values[j])^2
        ratio2_rook[i] <- ratio2_rook[i]+W_rook_eigen$values[j]/(1-rho_rook[i]*W_rook_eigen$values[j])
   }

delta_rook <- rep(0, n)
```

```
for(i in 1: n){
    delta_rook[i] <- n * ratio1_rook[i]-ratio2_rook[i]^2
}

varrho_rook <- n/(2 * delta_rook)

plot(mc_rook, rho_rook)

#output data
id <- 1: n
mc_rho_varrho_wlambda_rook <- cbind(id, mc_rook, rho_rook, varrho_rook, W_rook_eigen $ values)
write.table(mc_rho_varrho_wlambda_rook," mc-rho-varrho-wlambda_rookX.txt", row.names=FALSE, col.names=FALSE)

#计算 SAR 模型的空间自相关参数 rho 估计值的方差(Square Queen)
library(spdep)
setwd('...')

#square queen
p <- X
q <- X
n <- p * q

cqueen <- matrix(0, nrow=n, ncol=n)
for(i in 1: n){
    for(j in 1: n){
        if((j==i+1&i%%q!=0) | (j==i-1&(i-1)%%q!=0)
            | j==i-q | (j==i-q-1&(i-q-1)%%q!=0)
            | (j==i-q+1&(i-q)%%q!=0)
            | j==i+q | (j==i+q-1&(i+q-1)%%q!=0)
            | j==i+q+1&(i+q)%%q!=0)
            cqueen[i, j] <- 1
    }
}

J <- matrix(1, nrow=n, ncol=n)
I <- diag(n)
```

```
MCM_queen <- (I-J/n)%*%cqueen%*%(I-J/n)

#calculate eigenvalues of MCM
MCM_queen_eigen <- eigen(MCM_queen)

#construct matrix W
crowsum_queen <- matrix(0, nrow=1, ncol=n)
for(i in 1:n){
    crowsum_queen[1, i] <- sum(cqueen[i,])
}

D_queen <- diag(c(crowsum_queen^-1))
W_queen <- sqrt(D_queen)%*%cqueen%*%sqrt(D_queen)

W_queen_eigen <- eigen(W_queen)

#calculate mc
ones <- matrix(1, nrow=n, ncol=1)
mc_queen <- (n/(t(ones)%*%cqueen%*%ones))*MCM_queen_eigen$values

#creat neighbour list
nb_queen <- cell2nb(p, q, type="queen")
listw_queen <- nb2listw(nb_queen, style="W")

#for other n
model <- vector("list", n)
for(i in 1:n){
    model[[i]] <- errorsarlm(MCM_queen_eigen$vectors[, i] ~ 1, listw=listw_queen, tol.solve=1e-25)
}

rho_queen <- rep(0, n)
ssigma_queen <- rep(0, n)
for(i in 1:n){
    rho_queen[i] <- model[[i]]$lambda
    ssigma_queen[i] <- model[[i]]$s2
}
```

```
    ratio1_ queen <- rep(0, n)
    ratio2_ queen <- rep(0, n)
    for(i in 1: n)
        for(j in 1: n){
            ratio1_ queen[i] <- ratio1_ queen[i]+W_ queen_ eigen $ values[j]^2/(1-rho_ queen[i] * W_ queen_ eigen $ values[j])^2
            ratio2_ queen[i] <- ratio2_ queen[i]+W_ queen_ eigen $ values[j]/(1-rho_ queen[i] * W_ queen_ eigen $ values[j])
        }

    delta_ queen <- rep(0, n)
    for(i in 1: n){
        delta_ queen[i] <- n * ratio1_ queen[i]-ratio2_ queen[i]^2
    }

    varrho_ queen <- n/(2 * delta_ queen)

    plot(mc_ queen, varrho_ queen)
    plot(mc_ queen, rho_ queen)

    #output data
    id <- 1: n
    mc_ rho_ varrho_ wlambda_ queen <- cbind(id, mc_ queen, rho_ queen, varrho_ queen, W_ queen_ eigen $ values)
    write.table(mc_ rho_ varrho_ wlambda_ queen,"mc-rho-varrho-wlambda_ queenX.txt", row.names=FALSE, col.names=FALSE)

    #计算 SAR 模型的空间自相关参数 rho 估计值的方差(Hexgon)
    library(spdep)
    setwd('...')

    #hexagon
    p <- X    #X 改成具体数值
    q <- X
    n <- p * q

    chex <- atrix(0, nrow=n, ncol=n)
    for(i in 1: n){
```

```
    for(j in 1: n){
       if((j==i+1&i%%q!=0)|(j==i-1&(i-1)%%q!=0)
         |j==i-q
         |((j==i-q-1)&((i-q-1)%%q!=0)&((i-floor(i/q)*q)%%2!=0))#&(i%%q!=0))
         |((j==i-q-1)&(i%%q==0)&q%%2!=0)
         |(j==i-q+1&(i-q)%%q!=0&(i-floor(i/q)*q)%%2!=0)
         |j==i+q
         |(j==i+q-1&(i+q-1)%%q!=0&((i-floor(i/q)*q)%%2==0&i%%q!=0))
         |((j==i+q-1)&(i%%q==0)&(q%%2==0))
         |j==i+q+1&(i+q)%%q!=0&(i-floor(i/q)*q)%%2==0)
         chex[i, j] <- 1
    }
 }


J <- matrix(1, nrow=n, ncol=n)
I <- diag(n)
MCM_hex <- (I-J/n)%*%chex%*%(I-J/n)

#calculate eigenvalues of MCM
MCM_hex_eigen <- eigen(MCM_hex)

#construct matrix W
crowsum_hex <- matrix(0, nrow=1, ncol=n)
for(i in 1: n){
    crowsum_hex[1, i] <- sum(chex[i,])
}

D_hex <- diag(c(crowsum_hex^-1))
W_hex <- sqrt(D_hex)%*%chex%*%sqrt(D_hex)


W_hex_eigen <- eigen(W_hex)

#calculate mc
ones <- matrix(1, nrow=n, ncol=1)
mc_hex <- (n/(t(ones)%*%chex%*%ones))*MCM_hex_eigen $ values
```

```r
#creat neighbour list
listw_ hex <- mat2listw(chex, style="W")

#for other n
model <- vector("list", n)
for(i in 1: n){
    model[[i]] <- errorsarlm(MCM_ hex_ eigen $ vectors[, i] ~ 1, listw=listw_ hex, tol.solve=1e-25)
}

rho_ hex <- rep(0, n)
ssigma_ hex <- rep(0, n)
for(i in 1: n){
   rho_ hex[i] <- model[[i]] $ lambda
   ssigma_ hex[i] <- model[[i]] $ s2
}

ratio1_ hex <- rep(0, n)
ratio2_ hex <- rep(0, n)
for(i in 1: n)
   for(j in 1: n){
         ratio1_ hex[i] <- ratio1_ hex[i]+W_ hex_ eigen $ values[j]^2/(1-rho_ hex[i]*W_ hex_ eigen $ values[j])^2
         ratio2_ hex[i] <- ratio2_ hex[i]+W_ hex_ eigen $ values[j]/(1-rho_ hex[i]*W_ hex_ eigen $ values[j])
      }

delta_ hex <- rep(0, n)
for(i in 1: n){
   delta_ hex[i] <- n*ratio1_ hex[i]-ratio2_ hex[i]^2
}

varrho_ hex <- n/(2*delta_ hex)

plot(mc_ hex, varrho_ hex)
plot(mc_ hex, rho_ hex)

#output data
```

```
id <- 1: n
mc_ rho_ varrho_ wlambda_ hex <- cbind(id, mc_ hex, rho_ hex, varrho_ hex, W_
hex_ eigen $ values)
write. table ( mc_ rho_ varrho_ wlambda_ hex," mc-rho-varrho-wlambda_ hexX. txt",
row. names = FALSE, col. names = FALSE)
```

附录6 两个不同程度自相关的例子说明

以下为示例数据的分布和模型诊断信息。

在模拟的数据中,随机分布在 100×100 格网中的数据来源于标准正态分布,其频率直方图如附图 6-1(a) 所示,可以看出该组数据呈现了比较完美的钟形。附图 6-1(b) 和附图 6-1(c) 为 SAR 回归模型的残差分位数-分位数图(quatile-quatile 图,以下简称 Q-Q 图)和残差-估计值图,这两幅图体现了模型残差的正态性和同方差性,因此模型的结果是可信的。

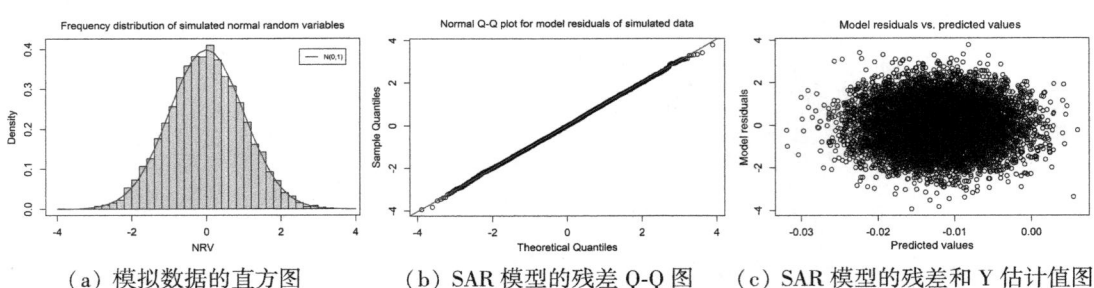

(a) 模拟数据的直方图　　(b) SAR 模型的残差 Q-Q 图　　(c) SAR 模型的残差和 Y 估计值图

附图 6-1　模拟数据及其 SAR 回归残差的统计特性

对于 100×100 的黄山地区遥感影像数据,NDVI 的范围为 [-0.2318, 0.3252],其均值和方差分别为 0.1107 和 0.0941,中位数为 0.1287,因此数据呈现左偏。指数变换之后,KS 的值从 0.4250 减小到了 0.0238,相应的 p-值从 2.2×10^{-16} 增加到了 2.33×10^{-5},频率分布直方附图 6-2(a) 呈近似的正态分布。变换数据的 SAR 模型残差 Q-Q 附图 6-2(b) 的右边末端出现了比较明显的偏斜,附图 6-2(c) 的残差-估计值图也表现出了轻微的异方差性。

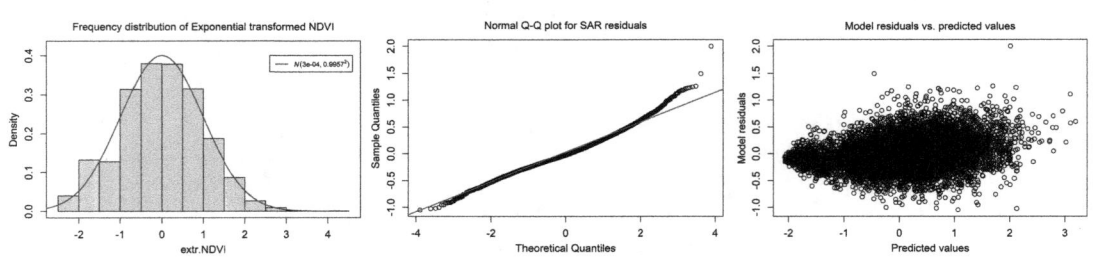

(a) 指数变换后的 NDVI 的直方图　　(b) SAR 模型的残差 Q-Q 图　　(c) SAR 模型的残差和 Y 估计值图

附图 6-2　黄山地区遥感影像数据及其 SAR 回归残差的统计特性

附录7 模拟不同自相关强度的空间模式

在生成了规则格网的基础上，不同的空间模式可用 R 中的 "gstat" 包（Pebesma，2004）来实现。具体方法是利用该包中的同名函数 "gstat"，通过设定变异模型（或称半方差模型）的基台值（sill）、变程值（range）以及 κ 值来控制不同的空间自相关强度。这里选用 Matérn 模型（也称 K-Bessel 模型，若选用其他模型，则不需要设定 Kappa 值）的原因包括：(1) 由于参数 Kappa 的存在，使得 Matérn 模型具有很大的灵活性（Müller，2007），例如当 $\kappa = 0.5$ 时，该模型与指数模型（exponential model）等价，而当 $\kappa \to \infty$ 时，该模型与高斯模型（Gaussian model）等价；(2) 当样本量很大时，Matérn 模型与 SAR 模型有着概念上的关联（Griffith et al.，1999）(p151)。附表 7-1 列出了各自相关水平下的模型参数的参考范围，该范围在行列值均在 [100, 110] 之间的规则格网上，以 $n_{max} = 10$（参与计算的邻居的阶数）为基础设定。

附表 7-1　　　　不同自相关程度 Matérn 模型参数设定参考值

空间自相关强度（极弱、中等稍偏高、强）	$0 \leq MC \leq 0.1$	$0.6 \leq MC \leq 0.7$	$0.9 \leq MC \leq 1$
	$0 \leq \rho \leq 0.1$	$0.6 \leq \rho \leq 0.9$	$0.95 \leq \rho \leq 1$
基台值范围	[0.1, 1]	[0.1, 1]	[0.1, 1]
变程值范围	[0.1, 1]	[1.1, 1.5]	[2, 3.5]
κ 系数范围	[0.1, 0.5]	[0.9, 1]	[1.3, 3.3]

附图 7-1 展示了不同程度自相关的空间模式/格局模拟图。

以下是模拟不同程度空间自相关的 R 代码。

```
#file1. definition of msr function
msr <- function(x,listw,nrepet=99,method=c("pair","triplet","singleton"),cor.fixed,
        blocks=c("subsequent","random","within"),multivar=c("individual","joint"),
        nmax=100,simplify=TRUE){

    require(abind)     # requires package 'abind'

    x <- as.matrix(x)
    mem <- scores.listw(listw,MEM.autocor="all")
    r <- cor(x,mem $ vectors)
    x.mean <- colMeans(as.matrix(x))
    x.sd <- apply(as.matrix(x),2,sd)
```

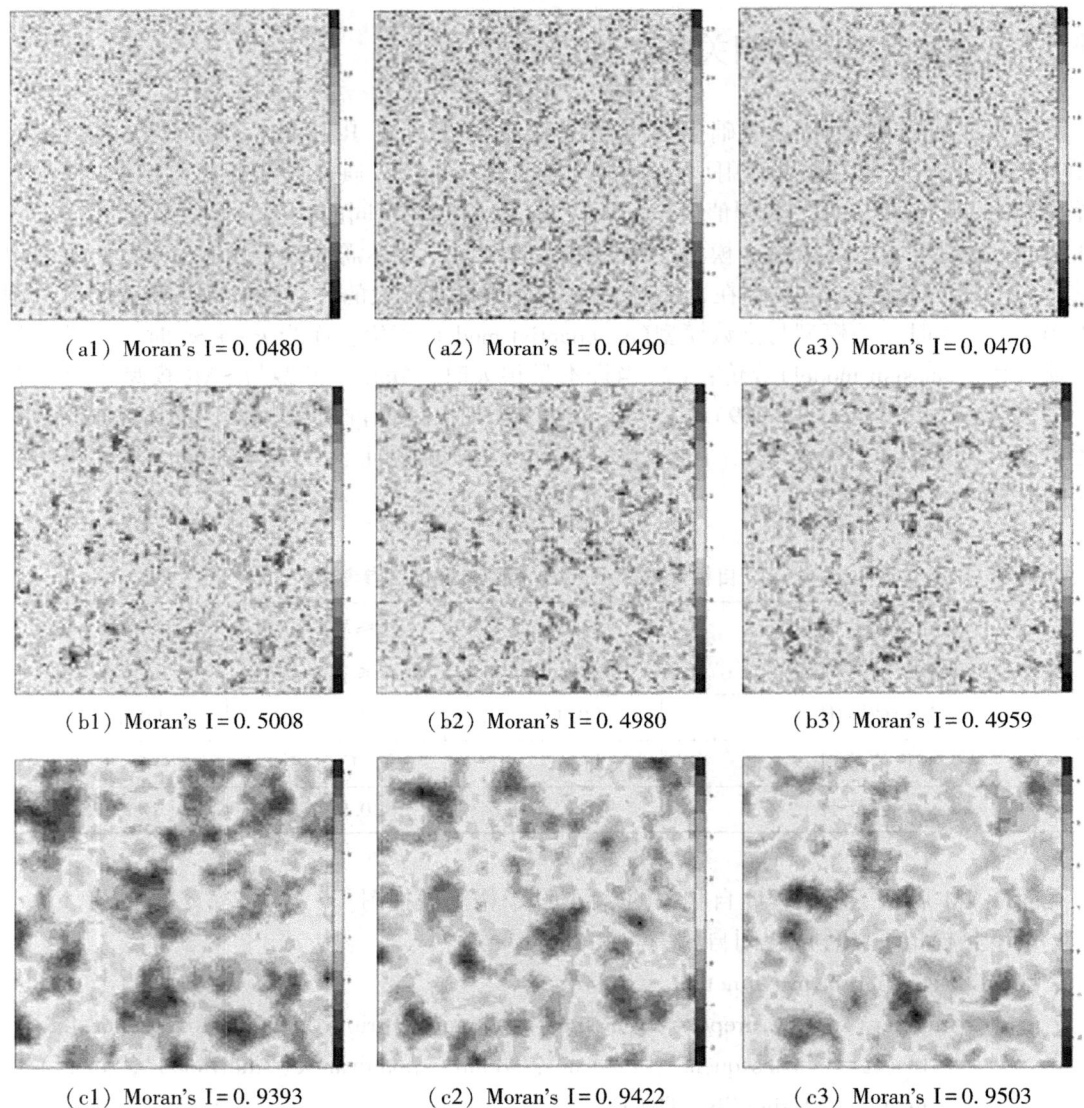

(a1) Moran's I = 0.0480　　　(a2) Moran's I = 0.0490　　　(a3) Moran's I = 0.0470

(b1) Moran's I = 0.5008　　　(b2) Moran's I = 0.4980　　　(b3) Moran's I = 0.4959

(c1) Moran's I = 0.9393　　　(c2) Moran's I = 0.9422　　　(c3) Moran's I = 0.9503

(a)行为预设莫兰指数为 0.0475 的随机分布格局；(b)行为预设莫兰指数为 0.5004 的中等强度空间聚集格局；(c)行为预设莫兰指数为 0.9513 的强自相关的空间聚集模式

附图 7-1　符合特定莫兰指数值的随机数空间格局(100×100)

```
method <- match.arg(method)
blocks <- match.arg(blocks)
multivar <- match.arg(multivar)

if(missing(cor.fixed))
    cor.fixed <- NULL
if(!is.null(cor.fixed)){
    method <- "pair"
}
if(multivar=="joint" & method=="triplet"){
    method <- "singleton"
    print("Joint randomization method used: singleton")
}

if(multivar=="joint"){
    rnew <- rand.msr(r, mem $ values, nrepet=nrepet, method=method, cor.fixed=cor.fixed,
                blocks=blocks, nmax=nmax)
} else {
    res <- list()
    for(m in 1:nrow(r))
    {
        res[[m]] <- rand.msr(t(as.matrix(r[m,])), mem $ values, nrepet=nrepet, method=method,
                cor.fixed=cor.fixed, blocks=blocks, nmax=nmax)
        res[[m]] <- do.call("cbind", res[[m]])
    }
    res <- abind(res, along=3)
    rnew <- list()
    for(i in 1:nrepet) rnew[[i]] <- res[,i,]
}

xnew <- lapply(rnew, function(ls) mem $ vectors %*% ls)
res <- lapply(xnew, function(ls) sweep(sweep(sqrt(NROW(x)-1)*ls,2,x.sd,"*"),
2,x.mean,"+"))

if((NCOL(x)==1) & simplify){
    res <- do.call("cbind", res)
```

        }
    res
}

#用于生成空间数据的随机副本,返回的是对 rxV 随机化后得到的 a 值
#参数: r:rxV; values:特征值; nrepet:重复次数; method:随机化方法。
cor. fixed:rfix。blocks:分块方法。nmax:最大迭代次数
rand. msr <- function(r = r, values = mem $ values, nrepet = 99, method = c("pair", "triplet", "singleton"),
                cor. fixed, blocks = c("subsequent", "random", "within"), nmax = 100)
{
    method <- match. arg(method)
    r <- as. matrix(r)
    if(ncol(r) = = 1) r <- t(r)
    res <- vector("list", nrepet)

    for(nr in 1:nrepet) {
        ## singleton
        if(method = = "singleton") {
            rnew <- as. matrix(apply(r, 2, genbysingleton))
            if(nrow(r) >1) {rnew <- t(rnew)}
        }

        ## pair
        if(method = = "pair") {
            pairs <- cutbypair(values)
            a <- array(NA, c(nrow(pairs), 2, nrow(r)))
            for(i in 1:nrow(pairs)) {
                if(sum(is. na(pairs[i,])) = = 0) { #没有空缺的对,就用 pair
                    a[i,,] <- genbypair(r[, pairs[i,], drop = FALSE], cor. fixed = cor. fixed)
                } else {   #有空缺的对,用 singleton
                    a[i,1,] <- genbysingleton(r[, pairs[i,1], drop = FALSE])
                }
            }
            rnew <- apply(a, 3, function(x) x[order(pairs)][1:length(values)])
        }

        ## triplet

```
if( method = = " triplet" ) {
    triplets <- cutbytriplet( values, method = match. arg( blocks ) )
    a <- matrix( NA, nrow = nrow( triplets ) , ncol = 3 )
    generateby <- rep( "T" , length( r ) ) #其中的元素表示使用的方法:T/P/S

    for( i in 1 : nrow( triplets ) ) {
        #对于完整的块
        if( sum( is. na( triplets[ i, ] ) ) = = 0 ) {
            niter <- 1
            repeat {
                a[ i, ] <- genbytriplet( values[ triplets[ i, ] ] , r[ triplets[ i, ] ] )
                if( sum( is. na( a[ i, ] ) ) = = 0 ) ## ok
                    niter <- nmax+1
                else
                    niter <-   niter+1 ## try again
                if( niter >= nmax )
                    break
            }
        } else if( sum( is. na( triplets[ i, ] ) ) = = 1 ) { #不完整的块是两个特征向量
            a[ i,1 ] <- genbysingleton( r[ triplets[ i,1 ] ] )
            a[ i,2 ] <- genbysingleton( r[ triplets[ i,2 ] ] )
        } else if( sum( is. na( triplets[ i, ] ) ) = = 2 ) #不完整的块是一个特征向量
            a[ i,1 ] <- genbysingleton( r[ triplets[ i,1 ] ] )
    }

    ## fill the NA with the singleton method ( could be by pair )
    idxNA <- triplets[ ( is. na( a ) ) ] #找出 a 中 NA 的索引,并取出 triplets 中这些索引的元素
    idxNA <- idxNA[ ! is. na( idxNA ) ] #去除上行代码取出的元素中的 NA

    if( length( idxNA ) >0 ) {
        a[ is. element( triplets, idxNA ) ] <- sapply( idxNA, function( i ) genbysingleton( r[ i ] ) )
        generateby[ idxNA ] <- "S"
    }

    rnew <- as. matrix( a[ order( triplets ) ][ 1 : length( values ) ] ) #triplets 中的元素是特
```

征值,将 triplets 升序排序得到的索引对向量 a 进行排序

```
            attr( rnew, "method" ) <- as.factor( generateby )
        }
        
        res[[ nr ]] <- rnew
    }
    return( res )
}

genbysingleton <- function( r ) {
    ## r is the matrix ( nvar x 1 ) of correlation with MEM
    ## The functions returns a new value of r ( stored in a ) so that the
    ## contributions to R2 and I are preserved
    ## this is simply performed by switching the signs
    
    return( sample( c( -1, 1 ), 1 ) * r )
}

genbypair <- function( r, cor.fixed = NULL ) {
    ## r is a matrix ( nvar by 2 ) with correlation of each variable with a pair of MEMs
    ## cor.fixed is ( if not NULL ) the value of the correlation with the original variable
    ## to be preserved ( only for univariate case )
    ## The functions returns new values of r ( stored in a ) so that the contributions to
    ## R2 is preserved ( but not I )
    
    nvar <- nrow( r )
    a <- matrix( 0, nrow = nvar, ncol = 2 )
    R2 <- rowSums( r^2 )  ## contribution to global R2
    
    ##  phi: draws angle from uniform distribution
    if( nvar>1 ) {
        phi <- atan2( r[ ,2 ], r[ ,1 ] )+runif( 1, 0, 2 * pi )
    } else {
        if( is.null( cor.fixed ) ) {
            phi <- runif( 1, -pi, pi )  # runif( n, min, max )
        } else {
            phi <- atan2( r[ ,2 ], r[ ,1 ] )+sample( c( -1, 1 ), 1 ) * acos( cor.fixed )
        }
    }
```

```
    }

    ## determine the new values for r (i.e. a)
    R <- sqrt(R2)
    a[,1] <- R * cos(phi)
    a[,2] <- R * sin(phi)

    return(as.vector(t(a)))
}

genbytriplet <- function(lambda,r){
    ## lambda is a vector (3 by 1) with the eigenvalues associated to MEMs
    ## r is a vector (3 by 1) giving the correlation with each MEM
    ## The functions returns new values of r (stored in a) so that the contributions
    ## to R2 and I are preserved

    a <- rep(NA,3)
    r2 <- r^2
    R2 <- sum(r2) ## contribution to global R2
    I <- sum(r2 * lambda) ## contribution to global I

    ##  theta: draws first angle from uniform distribution
    theta <- runif(1,-pi,pi)

    ## phi: find the second angle preserving the contributions
    sin.phi.squared <- (I/R2-lambda[3]-sin(theta)^2 * (lambda[1]-lambda[3])) /
        (sin(theta)^2 * (lambda[2]-lambda[1]))

    if(is.finite(sin.phi.squared)){
        if((sin.phi.squared <=1) & (sin.phi.squared>0)){
            ## existing condition
            phi <- asin(sqrt(sin.phi.squared))
            rndsign <- function() sample(c(-1,1),1)
            phi <- rndsign() * phi

            ## determine the new values for r (i.e. a)
            R <- sqrt(R2)
            a[1] <- rndsign() * R * cos(phi) * sin(theta)
```

```
        a[2] <- rndsign() * R * sin(phi) * sin(theta)
        a[3] <- rndsign() * R * cos(theta)
      }
    }

    return(a)
}

scores.listw <- function(listw,echo=FALSE,MEM.autocor=c("non-null","all","positive","negative"))
{
    #检查输入
    if(!inherits(listw,"listw"))
        stop("not a listw object")
    #参数设置
    MEM.autocor <- match.arg(MEM.autocor)
    #将 listw 对象转化为矩阵
    w <- listw2mat(listw)
    sumW <- sum(w)
    n <- nrow(w)
    #检查矩阵是否为对称的
    symmetric <- isSymmetric.matrix(w,check.attributes=FALSE)
    if(symmetric==FALSE){ #如果不是对称的,就转化为对称的
        if(echo)
            cat(paste("listw not symmetric,(w+t(w)) used in the place of w",
                      "\n\n"))
        w=(w+t(w))/2
    }
    row.mean <- apply(w,1,mean)
    col.mean <- apply(w,2,mean)
    tot.mean <- mean(w)
    w <- sweep(w,1,row.mean) #每一行减去行均值
    w <- sweep(w,2,col.mean)
    w <- w+tot.mean
    res <- eigen(w,symmetric=TRUE) #计算特征值、特征向量
    #找出所有 0 特征值
    eq0 <- which(apply(as.matrix(res$values/max(abs(res$values))),  #res$values/max(abs(res$values)):归一化
```

```
            1,function(x) identical(all.equal(x,0),TRUE))) #all.equal(x,0):检查
特征值是否接近0
    if(length(eq0)==0){    #如果没有0特征值,停止执行           #identical:检
查all.equal的结果是否为True
        stop("Illegal matrix: no null eigenvalue")
    }
    if(echo){
        cat(paste("vector number",eq0,"corresponding to null eigenvalue is removed",
            "\n"))
    }

    if(MEM.autocor=="all"){
        if(length(eq0)==1){  #如果只有一个0特征值,则移除该特征值和对应的特征
向量
            res $ values <- res $ values[-eq0]
            res $ vectors <- res $ vectors[,-eq0]

        } else if(length(eq0)>1){ #如果有多个0特征值,则在0对应的特征向量中加入
一个全1的向量,正交化,
            w <- cbind(rep(1,n),res $ vectors[,eq0])
            w <- qr.Q(qr(w))
            res $ values[eq0] <- 0     #将eq0位置的特征值设置为0
            res $ vectors[,eq0] <- w[,-ncol(w)] #将eq0位置上的特征向量替换为w中除
最后一列之外的所有列
            res $ values <- res $ values[-eq0[1]]    #去掉特征值和特征向量的第一个(加
进去的单位向量)
            res $ vectors <- res $ vectors[,-eq0[1]]
        }
    } else if(MEM.autocor=="non-null"){    #移除所有0特征值及对应的特征向量
        res $ values <- res $ values[-eq0]
        res $ vectors <- res $ vectors[,-eq0]
    } else if(MEM.autocor=="positive"){   #只保留正的特征值及对应的特征向量
        posi <- which(res $ values>-sumW/((n-1)*n))
        res $ values <- res $ values[posi]
        res $ vectors <- res $ vectors[,posi]
    } else if(MEM.autocor=="negative"){   #只保留负的特征值及对应的特征向量
        neg <- sort(which(res $ values < -sumW/((n-1)*n)),
            decreasing=TRUE)
```

```
    res $ values <- res $ values[neg]
    res $ vectors <- res $ vectors[,neg]
  }
  res $ call = match.call()
  return(res)
}

#将 V 中的特征向量分成对,用连续的方法分
cutbypair <- function(lambda) {
  ## determine the pairs,
  ## for uneven (n-1), singleton is sampled randomly
  n <- length(lambda)
  n.pair <- n%/%2
  mod <- n%%2
  perm <- 1:n
  idx0 <- sample(perm,1)              # Select randomly
  if(mod>0)
    perm <- perm[-idx0]
  res <- matrix(perm,byrow = TRUE,nrow = n.pair)
  if(mod>0) {
    res <- rbind(res,c(idx0,NA))
  }
  return(res)
}

cutbytriplet <- function(lambda,method = c("subsequent","random","within")) {
  ## determine the indexes for triplet using lambda values
  method <- match.arg(method)
  n <- length(lambda)
  n.triplet <- n%/%3
  mod <- n%%3
  if(method == "within") {
    npos <- sum(lambda>0)
    nneg <- n-npos
    mod.pos <- npos%%3
    mod.neg <- nneg%%3
    perm.pos <- sample(npos) +nneg
    perm.neg <- sample(nneg)
```

```r
      if( mod = = 0 ) { ## three cases (0,0),(1,2) or (2,1)
        perm <- c( perm. pos , perm. neg )
      } else if( mod = = 1 ) { ## three cases (1,0),(0,1) or (2,2)
        if( mod. pos = = 1 ) {
          perm <- c( perm. pos[ -1 ] , perm. neg , perm. pos[ 1 ] )
        } else {
          perm <- perm <- c( perm. pos , perm. neg )
        }
      } else if( mod = = 2 ) { ## three cases (1,1),(2,0) or (0,2)
        if( mod. pos = = 1 ) {
          perm <- c( perm. pos[ -1 ] , perm. neg , perm. pos[ 1 ] )
        } else if( mod. pos = = 2 ) {
          perm <- c( perm. pos[ -c( 1 , 2 ) ] , perm. neg , perm. pos[ c( 1 , 2 ) ] )
        } else if( mod. pos = = 0 ) {
          perm <- c( perm. pos , perm. neg )
        }
      }

      res <- matrix( perm[ 1 : ( n. triplet * 3 ) ] , byrow = TRUE , nrow = n. triplet )
      if( mod>0 ) {
        res <- rbind( res , c ( perm[ ( ( n. triplet * 3 ) + 1 ) : length ( perm ) ] , rep ( NA , 3-mod ) ) )
      }
    } else if( method = = " random" ) {
      perm <- sample( n )
      res <- matrix( perm[ 1 : ( n. triplet * 3 ) ] , byrow = TRUE , nrow = n. triplet )
      if( mod>0 ) {
        res <- rbind( res , c ( perm[ ( ( n. triplet * 3 ) + 1 ) : length ( perm ) ] , rep ( NA , 3-mod ) ) )
      }
    } else if( method = = " subsequent" ) {
      perm <- 1 : n
      idx0 <- sample( perm , mod )
      if( mod>0 )
        perm <- perm[ -idx0 ]
      res <- matrix( perm , byrow = TRUE , nrow = n. triplet )
      if( mod>0 ) {
        res <- rbind( res , c( idx0 , rep( NA , 3-mod ) ) )
```

```
        }
      }
    return(res)
}

#file2. Operation file (run)
msr <- function(x,listw,nrepet=99,method=c("pair","triplet","singleton"),cor.fixed,
                blocks=c("subsequent","random","within"),multivar=c("individual",
"joint"),
                nmax=100,simplify=TRUE){

  require(abind)    # requires package 'abind'

  x <- as.matrix(x)
  mem <- scores.listw(listw,MEM.autocor="all")
  r <- cor(x,mem $ vectors)
  x.mean <- colMeans(as.matrix(x))
  x.sd <- apply(as.matrix(x),2,sd)
  method <- match.arg(method)
  blocks <- match.arg(blocks)
  multivar <- match.arg(multivar)

  if(missing(cor.fixed))
    cor.fixed <- NULL
  if(! is.null(cor.fixed)){
    method <- "pair"
  }
  if(multivar=="joint" & method=="triplet"){
    method <- "singleton"
    print("Joint randomization method used: singleton")
  }

  if(multivar=="joint"){
    rnew <- rand.msr(r,mem $ values,nrepet=nrepet,method=method,cor.fixed=
cor.fixed,
                    blocks=blocks,nmax=nmax)
  } else {
    res <- list()
```

```
    for( m in 1:nrow( r ) )
    {
        res[[ m ]] <- rand. msr( t( as. matrix( r[ m, ] ) ), mem $ values, nrepet = nrepet, method = method,
                        cor. fixed = cor. fixed, blocks = blocks, nmax = nmax )
        res[[ m ]] <- do. call( "cbind", res[[ m ]] )
    }
    res <- abind( res, along = 3 )
    rnew <- list( )
    for( i in 1:nrepet) rnew[[ i ]] <- res[ ,i, ]
}

xnew <- lapply( rnew, function( ls ) mem $ vectors %*% ls )
res <- lapply( xnew, function( ls ) sweep( sweep( sqrt( NROW( x )-1 ) * ls, 2, x. sd, " * " ),
2, x. mean, " + " ) )

if( ( NCOL( x ) = = 1 ) & simplify ) {
    res <- do. call( "cbind", res )
}
    res
}

#用于生成空间数据的随机副本,返回的是对 rxV 随机化后得到的 a 值
#参数:r:rxV。values:特征值。nrepet:重复次数。method:随机化方法。
#       cor. fixed:rfix。blocks:分块方法。nmax:最大迭代次数
rand. msr <- function( r = r, values = mem $ values, nrepet = 99, method = c( "pair", "triplet", "singleton" ),
                cor. fixed, blocks = c( "subsequent", "random", "within" ), nmax = 100 )
{
    method <- match. arg( method )
    r <- as. matrix( r )
    if( ncol( r ) = = 1 ) r <- t( r )
    res <- vector( "list", nrepet )

    for( nr in 1:nrepet) {
        ## singleton
        if( method = = "singleton" ) {
            rnew <- as. matrix( apply( r, 2, genbysingleton ) )
```

```
      if( nrow( r )>1 ) { rnew <- t( rnew ) }
}

## pair
if( method = = "pair" ) {
    pairs <- cutbypair( values )
    a <- array( NA, c( nrow( pairs ), 2, nrow( r ) ) )
    for( i in 1:nrow( pairs ) ) {
        if( sum( is.na( pairs[ i, ] ) ) = =0 ) { #没有空缺的对,就用 pair
            a[ i, , ] <- genbypair( r[ , pairs[ i, ] , drop = FALSE ], cor.fixed = cor.fixed )
        } else {                                 #有空缺的对,用 singleton
            a[ i, 1, ] <- genbysingleton( r[ , pairs[ i, 1 ], drop = FALSE ] )
        }
    }
    rnew <- apply( a, 3, function( x )  x[ order( pairs ) ][ 1:length( values ) ] )
}


## triplet
if( method = = "triplet" ) {
    triplets <- cutbytriplet( values, method = match.arg( blocks ) )
    a <- matrix( NA, nrow = nrow( triplets ), ncol = 3 )
    generateby <- rep( "T", length( r ) ) #其中的元素表示使用的方法:T/P/S

    for( i in 1:nrow( triplets ) ) {
        #对于完整的块
        if( sum( is.na( triplets[ i, ] ) ) = =0 ) {
            niter <- 1
            repeat {
                a[ i, ] <- genbytriplet( values[ triplets[ i, ] ], r[ triplets[ i, ] ] )
                if( sum( is.na( a[ i, ] ) ) = =0 ) ## ok
                    niter <- nmax+1
                else
                    niter <-  niter+1  ## try again
                if( niter > = nmax )
                    break
            }

        } else if( sum( is.na( triplets[ i, ] ) ) = =1 ) { #不完整的块是两个特征向量
```

```
            a[i,1] <- genbysingleton(r[triplets[i,1]])
            a[i,2] <- genbysingleton(r[triplets[i,2]])
        } else if(sum(is.na(triplets[i,]))==2) #不完整的块是一个特征向量
            a[i,1] <- genbysingleton(r[triplets[i,1]])
    }

    ## fill the NA with the singleton method (could be by pair)
    idxNA <- triplets[(is.na(a))] #找出 a 中 NA 的索引,并取出 triplets 中这些索引
的元素
    idxNA <- idxNA[!is.na(idxNA)] #去除上行代码取出的元素中的 NA

    if(length(idxNA)>0){
        a[is.element(triplets,idxNA)] <- sapply(idxNA,function(i) genbysingleton(r[i]))
        generateby[idxNA] <- "S"
    }

    rnew <- as.matrix(a[order(triplets)][1:length(values)]) #triplets 中的元素是特
征值,将 triplets 升序排序得到的索引对向量 a 进行排序
    attr(rnew,"method") <- as.factor(generateby)
    }

    res[[nr]] <- rnew
  }
  return(res)
}


genbysingleton <- function(r){
    ## r is the matrix (nvar x 1) of correlation with MEM
    ## The functions returns a new value of r (stored in a) so that the
    ## contributions to R2 and I are preserved
    ## this is simply performed by switching the signs

    return(sample(c(-1,1),1) * r)
}


genbypair <- function(r,cor.fixed=NULL){
    ## r is a matrix (nvar by 2) with correlation of each variable with a pair of MEMs
```

```r
## cor.fixed is (if not NULL) the value of the correlation with the original variable
## to be preserved (only for univariate case)
## The functions returns new values of r (stored in a) so that the contributions to
## R2 is preserved (but not I)

nvar <- nrow(r)
a <- matrix(0,nrow=nvar,ncol=2)
R2 <- rowSums(r^2) ## contribution to global R2

##  phi: draws angle from uniform distribution
if(nvar>1){
   phi <- atan2(r[,2],r[,1])+runif(1,0,2*pi)
} else {
   if(is.null(cor.fixed)){
      phi <- runif(1,-pi,pi) # runif(n,min,max)
   } else {
      phi <- atan2(r[,2],r[,1])+sample(c(-1,1),1)*acos(cor.fixed)
   }
}

## determine the new values for r (i.e. a)
R <- sqrt(R2)
a[,1] <- R*cos(phi)
a[,2] <- R*sin(phi)

return(as.vector(t(a)))
}

genbytriplet <- function(lambda,r){
## lambda is a vector (3 by 1) with the eigenvalues associated to MEMs
## r is a vector (3 by 1) giving the correlation with each MEM
## The functions returns new values of r (stored in a) so that the contributions
## to R2 and I are preserved

a <- rep(NA,3)
r2 <- r^2
R2 <- sum(r2) ## contribution to global R2
I <- sum(r2*lambda) ## contribution to global I
```

```
## theta: draws first angle from uniform distribution
theta <- runif(1,-pi,pi)

## phi: find the second angle preserving the contributions
sin.phi.squared <- (1/R2-lambda[3]-sin(theta)^2*(lambda[1]-lambda[3]))/
    (sin(theta)^2*(lambda[2]-lambda[1]))

if(is.finite(sin.phi.squared)){
    if((sin.phi.squared<=1) & (sin.phi.squared>0)){
        ## existing condition
        phi <- asin(sqrt(sin.phi.squared))
        rndsign <- function() sample(c(-1,1),1)
        phi <- rndsign() * phi

        ## determine the new values for r (i.e. a)
        R <- sqrt(R2)
        a[1] <- rndsign() * R * cos(phi) * sin(theta)
        a[2] <- rndsign() * R * sin(phi) * sin(theta)
        a[3] <- rndsign() * R * cos(theta)
    }
}

return(a)
}

scores.listw <- function (listw,echo=FALSE,MEM.autocor=c("non-null","all","positive","negative"))
{
    #检查输入
    if (! inherits(listw,"listw"))
        stop("not a listw object")
    #参数设置
    MEM.autocor <- match.arg(MEM.autocor)
    #将 listw 对象转化为矩阵
    w <- listw2mat(listw)
    sumW <- sum(w)
    n <- nrow(w)
```

```r
#检查矩阵是否是对称的
symmetric <- isSymmetric.matrix(w,check.attributes=FALSE)
if(symmetric==FALSE){ #如果不是对称的,就转化为对称的
    if(echo)
       cat(paste("listw not symmetric,(w+t(w)) used in the place of w",
                 "\n\n"))
    w=(w+t(w))/2
}
row.mean <- apply(w,1,mean)
col.mean <- apply(w,2,mean)
tot.mean <- mean(w)
w <- sweep(w,1,row.mean) #每一行减去行均值
w <- sweep(w,2,col.mean)
w <- w+tot.mean
res <- eigen(w,symmetric=TRUE) #计算特征值、特征向量
#找出所有0特征值
eq0 <- which(apply(as.matrix(res $ values/max(abs(res $ values))),  #res $ values/max(abs(res $ values)):归一化
              1,function(x) identical(all.equal(x,0),TRUE))) #all.equal(x,0):检查特征值是否接近0
if(length(eq0)==0){    #如果没有0特征值,停止执行       #identical:检查all.equal的结果是否为True
    stop(" Illegal matrix: no null eigenvalue")
}
if(echo){
    cat(paste("vector number",eq0,"corresponding to null eigenvalue is removed",
              "\n"))
}


if(MEM.autocor==" all"){
    if(length(eq0)==1){ #如果只有一个0特征值,则移除该特征值和对应的特征向量
        res $ values <- res $ values[-eq0]
        res $ vectors <- res $ vectors[,-eq0]

    } else if(length(eq0)>1){ #如果有多个0特征值,则在0对应的特征向量中加入一个全1的向量,正交化,
        w <- cbind(rep(1,n),res $ vectors[,eq0])
```

```
        w <- qr.Q(qr(w))
        res $ values[eq0] <- 0          #将 eq0 位置的特征值设置为 0
        res $ vectors[,eq0] <- w[,-ncol(w)] #将 eq0 位置上的特征向量替换为 w 中除
最后一列之外的所有列
        res $ values <- res $ values[-eq0[1]]    #去掉特征值和特征向量的第一个(加
进去的单位向量)
        res $ vectors <- res $ vectors[,-eq0[1]]
    }
    } else if(MEM.autocor=="non-null"){     #移除所有 0 特征值及对应的特征向量
        res $ values <- res $ values[-eq0]
        res $ vectors <- res $ vectors[,-eq0]
    } else if (MEM.autocor=="positive") {   #只保留正的特征值及对应的特征向量
        posi <- which(res $ values>-sumW/((n-1)*n))
        res $ values <- res $ values[posi]
        res $ vectors <- res $ vectors[,posi]
    } else if (MEM.autocor=="negative") {   #只保留负的特征值及对应的特征向量
        neg <- sort(which(res $ values < -sumW/((n-1)*n)),
                decreasing=TRUE)
        res $ values <- res $ values[neg]
        res $ vectors <- res $ vectors[,neg]
    }
    res $ call=match.call()
    return(res)
}


#将 V 中的特征向量分成对,用连续的方法分
cutbypair <- function(lambda){
    ## determine the pairs,
    ## for uneven (n-1),singleton is sampled randomly
    n <- length(lambda)
    n.pair <- n%/%2
    mod <- n%%2
    perm <- 1:n
    idx0 <- sample(perm,1)              # Select randomly
    if(mod>0)
        perm <- perm[-idx0]
    res <- matrix(perm,byrow=TRUE,nrow=n.pair)
    if(mod>0){
```

```
        res <- rbind(res,c(idx0,NA))
    }
    return(res)
}


cutbytriplet <- function(lambda,method=c("subsequent","random","within")){
    ## determine the indexes for triplet using lambda values
    method <- match.arg(method)
    n <- length(lambda)
    n.triplet <- n%/%3
    mod <- n%%3
    if(method=="within"){
        npos <- sum(lambda>0)
        nneg <- n-npos
        mod.pos <- npos%%3
        mod.neg <- nneg%%3
        perm.pos <- sample(npos)+nneg
        perm.neg <- sample(nneg)
        if(mod==0){ ## three cases (0,0),(1,2) or (2,1)
            perm <- c(perm.pos,perm.neg)
        } else if(mod==1){ ## three cases (1,0),(0,1) or (2,2)
            if(mod.pos==1){
                perm <- c(perm.pos[-1],perm.neg,perm.pos[1])
            } else {
                perm <- perm <- c(perm.pos,perm.neg)
            }
        } else if(mod==2){ ## three cases (1,1),(2,0) or (0,2)
            if(mod.pos==1){
                perm <- c(perm.pos[-1],perm.neg,perm.pos[1])
            } else if(mod.pos==2){
                perm <- c(perm.pos[-c(1,2)],perm.neg,perm.pos[c(1,2)])
            } else if(mod.pos==0){
                perm <- c(perm.pos,perm.neg)
            }
        }
    }

    res <- matrix(perm[1:(n.triplet*3)],byrow=TRUE,nrow=n.triplet)
    if(mod>0){
```

```
            res <- rbind(res, c(perm[((n.triplet * 3) + 1):length(perm)], rep(NA, 3-mod)))
        }
    } else if(method == "random") {
        perm <- sample(n)
        res <- matrix(perm[1:(n.triplet * 3)], byrow = TRUE, nrow = n.triplet)
        if(mod>0) {
            res <- rbind(res, c(perm[((n.triplet * 3) + 1):length(perm)], rep(NA, 3-mod)))
        }
    } else if(method == "subsequent") {
        perm <- 1:n
        idx0 <- sample(perm, mod)
        if(mod>0)
            perm <- perm[-idx0]
        res <- matrix(perm, byrow = TRUE, nrow = n.triplet)
        if(mod>0) {
            res <- rbind(res, c(idx0, rep(NA, 3-mod)))
        }
    }
    return(res)
}
```

参 考 文 献

AARTS S, VAN DEN AKKER M, WINKENS B, 2014. The importance of effect sizes[J]. European Journal of General Practice, 20: 61-64.

ALDSTADT J, GETIS A, 2006. Using AMOEBA to Create a Spatial Weights Matrix and Identify Spatial Clusters[J]. Geographical Analysis, 38: 327-343.

ALVES D, EDUARDO A A, OLIVEIRA E V D, et al.,2020. Unveiling geographical gradients of species richness from scant occurrence data[J]. Global Ecology and Biogeography, 29: 748-759.

AMES E, REITER S, 1961. Distributions of Correlation Coefficients in Economic Time Series [J]. Journal of the American Statistical Association, 56: 637-656.

AMRHEIN V, GREENLAND S, MCSHANE B, 2019. Scientists rise up against statistical significance[J]. Nature, 567: 305-307.

ANDRIES A, MORSE S, MURPHY R J, et al.,2023. Potential of Using Night-Time Light to Proxy Social Indicators for Sustainable Development[J]. Remote Sensing.

ANSELIN L, 1988a. Lagrange Multiplier Test Diagnostics for Spatial Dependence and Spatial Heterogeneity[J]. Geographical Analysis, 20: 1-17.

ANSELIN L. Spatial Econometrics: Methods and Models[C]//Studies in Operational Regional Science. Springer Netherlands, 1988b:XVI, 284. 10. 1007/978-94-015-7799-1.

ANSELIN L, 1990. Some robust approaches to testing and estimation in spatial econometrics[J]. Regional Science and Urban Economics, 20: 141-163.

ANSELIN L, 1995. Local Indicators of Spatial Association—LISA[J]. Geographical Analysis, 27: 93-115.

ANSELIN L, 2003. An introduction to spatial regression analysis in R[M]. University of Illinois, Urbana-Champaign; University of Illinois, Urbana-Champaign.

ANSELIN L, 2018. A Local Indicator of Multivariate Spatial Association: Extending Geary's c [J]. Geographical Analysis, 51: 133-150.

ANSELIN L, GRIFFITH D A, 1988. Do Spatial Effects Really Matter in Regression Analysis? [J]. Papers in Regional Science, 65: 11-34.

ANSELIN L, SYABRI I, KHO Y, 2005. GeoDa: An Introduction to Spatial Data Analysis[J]. Geographical Analysis, 38: 5-22.

AUCHINCLOSS A H, GEBREAB S Y, MAIR C, et al.,2012. A Review of Spatial Methods in Epidemiology, 2000—2010[J]. Annual Review of Public Health, 33: 107-122.

BALAKRISHNAN R, RANGANATHAN K. A Textbook of Graph Theory[C]//Springer New York, 2012.

BANERJEE S, 2016. Spatial Data Analysis[J]. Annu Rev Public Health, 37: 47-60.

BANKS S C, PEAKALL R, 2012. Genetic spatial autocorrelation can readily detect sex-biased dispersal[J]. Molecular Ecology, 21: 2092-2105.

BARDOS D C, GUILLERA-ARROITA G, WINTLE B A, 2015. Valid auto-models for spatially autocorrelated occupancy and abundance data[J]. Methods in Ecology and Evolution, 6: 1137-1149.

BARROS D, MATHIAS M, BORGES P, et al., 2023. The Importance of Including Spatial Autocorrelation When Modelling Species Richness in Archipelagos: A Bayesian Approach[J]. Diversity-Basel, 15.

BARTELS C P A, HORDIJK L, 1977. On the power of the generalized Moran contiguity coefficient in testing for spatial autocorrelation among regression disturbances[J]. Regional Science and Urban Economics, 7: 83-101.

BARTLETT M S. The statistical analysis of spatial pattern[C]//: Chapman and Hall, 1975.

BASU S, 2015. Is There A Scientific Basis for Accounting? Implications for Practice, Research, and Education[J]. Journal of International Accounting Research, 14: 235-265.

BAVAUD F, 2013. Testing spatial autocorrelation in weighted networks: the modes permutation test[J]. Journal of Geographical Systems, 15: 233-247.

BEGUERíA S, PUEYO Y, 2009. A comparison of simultaneous autoregressive and generalized least squares models for dealing with spatial autocorrelation[J]. Global Ecology and Biogeography, 18: 273-279.

BEIGAITE R, MECHENICH M, ZLIOBAITE I. Spatial Cross-Validation for Globally Distributed Data[C]// Discovery Science (DS 2022). 2022: 127-140. 10.1007/978-3-031-18840-4_10.

BEWICK V, CHEEK L, BALL J, 2003. Statistics review 7: Correlation and regression[J]. Critical Care, 7: 451.

BISWAS S, XIANG J, LI H, 2021. Disturbance Effects on Spatial Autocorrelation in Biodiversity: An Overview and a Call for Study[J]. Diversity-Basel, 13.

BIVAND R, MüLLER W G, REDER M, 2009. Power calculations for global and local Moran's I [J]. Computational Statistics & Data Analysis, 53: 2859-2872.

BIVAND R S. Exploratory Spatial Data Analysis[C]//M. M. FISCHER, A. GETIS. Handbook of Applied Spatial Analysis: Software Tools, Methods and Applications. Berlin, Heidelberg: Springer Berlin Heidelberg, 2010: 219-254. 10.1007/978-3-642-03647-7_13.

BLANCHET F G, LEGENDRE P, BORCARD D, 2008. Modelling directional spatial processes in ecological data[J]. Ecological Modelling, 215: 325-336.

BOOTS B, 2003. Developing local measures of spatial association for categorical data[J]. Journal of Geographical Systems, 5: 139-160.

BOOTS B, TIEFELSDORF M, 2000. Global and local spatial autocorrelation in bounded regular tessellations[J]. Journal of Geographical Systems, 2: 319-348.

BORCARD D, GILLET F, LEGENDRE P. Spatial Analysis of Ecological Data[C]//D. BORCARD, F. GILLET, P. LEGENDRE. Numerical Ecology with R. Cham:Springer International Publishing, 2018: 299-367. 10.1007/978-3-319-71404-2_7.

BORCARD D, LEGENDRE P, 2002. All-scale spatial analysis of ecological data by means of principal coordinates of neighbour matrices[J]. Ecological Modelling, 153: 51-68.

BRANDSMA A S, KETELLAPPER R H. Further evidence on alternative procedures for testing of spatial autocorrelation among regression disturbances[C]//C. P. A. BARTELS, R. H. KETELLAPPER. Exploratory and explanatory statistical analysis of spatial data. Dordrecht: Springer Netherlands, 1979: 113-136. 10.1007/978-94-009-9233-7_5.

BRENNING A. Spatial Cross-Validation and Bootstrap for the Assessment of Prediction Rules in Remote Sensing: The R Package Sperrorest[C]// 2012 IEEE International Geoscience and Remote Sensing Symposium (IGARSS). 2012:5372-5375. 10.1109/IGARSS.2012.6352393.

BRUGERE L, KWON Y, FRAZIER A, et al.,2023. Improved prediction of tree species richness and interpretability of environmental drivers using a machine learning approach[J]. Forest Ecology and Management, 539.

BRUNSDON C, FOTHERINGHAM A S, CHARLTON M E, 1996. Geographically Weighted Regression: A Method for Exploring Spatial Nonstationarity[J]. Geographical Analysis, 28: 281-298.

BU Y, WANG E, JIANG Z, 2021. Evaluating spatial characteristics and influential factors of industrial wastewater discharge in China: A spatial econometric approach[J]. Ecological Indicators, 121.

BURCHHARDT K, RIVERA Y, BALDWIN T, et al.,2011. Analysis of genet size and local gene flow in the ectomycorrhizal basidiomycete Suillus spraguei (synonym S. pictus)[J]. Mycologia, 103: 722-730.

BURRIDGE P, 1980. On the Cliff-Ord Test for Spatial Correlation[J]. Journal of the Royal Statistical Society: Series B (Methodological), 42: 107-108.

BURRIDGE P, 1981. Testing for a Common Factor in a Spatial Autoregression Model[J]. Environment and Planning A: Economy and Space, 13: 795-800.

BURT J E, BARBER G M, RIGBY D L. Elementary Statistics for Geographers[C]//: Guilford Publications, 2009.

CAI J, KWAN M, 2022. Detecting spatial flow outliers in the presence of spatial autocorrelation[J]. Computers Environment and Urban Systems, 96.

CAI J, LUO J W, WANG S L, et al.,2018. Feature selection in machine learning: A new perspective[J]. Neurocomputing, 300: 70-79.

CALLEGARO A, NDOUR C, ARIS E, et al.,2019. A note on tests for relevant differences with extremely large sample sizes[J]. Biometrical Journal, 61: 162-165.

CAO R, LIAO C, LI Q, et al., 2023. Integrating satellite and street-level images for local climate zone mapping[J]. International Journal of Applied Earth Observation and Geoinformation, 119.

CAO S, FENG J, HU Z, et al., 2022. Improving estimation of urban land cover fractions with rigorous spatial endmember modeling[J]. ISPRS Journal of Photogrammetry and Remote Sensing, 189: 36-49.

CARL G, KUHN I, 2017. Spind: a package for computing spatially corrected accuracy measures [J]. Ecography, 40: 675-682.

CARL G, LEVIN S C, KUHN I, 2018. spind: an R Package to Account for Spatial Autocorrelation in the Analysis of Lattice Data[J]. Biodiversity Data Journal, 6: 17.

CASTIELLO M E. Modeling Approach[C]//M. E. CASTIELLO. Computational and Machine Learning Tools for Archaeological Site Modeling. Cham: Springer International Publishing, 2022:111-148. 10.1007/978-3-030-88567-0_5.

CERASOLI F, THUILLER W, GUEGUEN M, et al., 2020. The role of climate and biotic factors in shaping current distributions and potential future shifts of European Neocrepicodera (Coleoptera, Chrysomelidae)[J]. Insect Conservation and Diversity, 13: 47-62.

CHEN D G, ANSONG D, 2019. Bayesian Modeling of Space and Time Dynamics: A Practical Demonstration in Social and Health Science Research[J]. Journal of the Society for Social Work and Research, 10: 275-299.

CHEN T, TANG W, ALLAN C, et al., 2024. Explicit Incorporation of Spatial Autocorrelation in 3D Deep Learning for Geospatial Object Detection[J]. Annals of the American Association of Geographers, 114: 2297-2316.

CHEN Y, 2016. Spatial Autocorrelation Approaches to Testing Residuals from Least Squares Regression[J]. PloS One, 11: e0146865-e0146865.

CHENG M, PENUELAS J, MCCABE M, et al., 2022. Combining multi-indicators with machine-learning algorithms for maize at the-level in China[J]. Agricultural and Forest Meteorology, 323.

CHENG T, HAWORTH J, WANG J, 2012. Spatio-temporal autocorrelation of road network data [J]. Journal of Geographical Systems, 14: 389-413.

CHUN Y, 2008. Modeling network autocorrelation within migration flows by eigenvector spatial filtering[J]. Journal of Geographical Systems, 10: 317-344.

CHUN Y, GRIFFITH D A. Spatial Statistics and Geostatistics: Theory and Applications for Geographic Information Science and Technology[C]//:SAGE Publications, 2013.

CHUN Y, GRIFFITH D A, 2018. Impacts of negative spatial autocorrelation on frequency distributions[J]. Chilean Journal of Statistics, 9: 3-17.

CLIFF A, ORD K, 1972. Testing for Spatial Autocorrelation Among Regression Residuals[J]. Geographical Analysis, 4: 267-284.

CLIFF A D, ORD J K. The Problem of Spatial Autocorrelation[C]//A. J. SCOTT. Studies in

Regional Science. London: Pion, 1969:25-55.

CLIFF A D, ORD J K. Spatial Autocorrelation[C]//London: Pion Limited, 1973.

CLIFF A D, ORD J K. Spatial processes: models & applications[C]//London: Pion, 1981.

CLIFFORD P, RICHARDSON S, HEMON D, 1989. Assessing the Significance of the Correlation Between 2 Spatial Processes[J]. Biometrics, 45: 123-134.

COHEN J, 1962. The statistical power of abnormal-social psychological research: A review[J]. The Journal of Abnormal and Social Psychology, 65: 145-153.

COHEN J. Statistical Power 2nd Ed[C]//: Lawrence Erlbaum Associates, 1988.

COHEN J, 1992. A power primer[J]. Psychological Bulletin, 112: 155-159.

COHEN J, 1994. The earth is round (p<0.05)[J]. American Psychologist, 49: 997-1003.

COMBER A, ZENG W, 2019. Spatial interpolation using areal features: A review of methods and opportunities using new forms of data with coded illustrations[J]. Geography Compass, 13.

CONSIDINE E, REID C, OGLETREE M, et al., 2021. Improving accuracy of air pollution exposure measurements: Statistical correction of a municipal low-cost airborne particulate matter sensor network[J]. Environmental Pollution, 268.

COOK M, CHAPMAN T, HART S, et al., 2024. Mapping Quaking Aspen Using Seasonal Sentinel-1 and Sentinel-2 Composite Imagery across the Southern Rockies, USA[J]. Remote Sensing, 16.

COSTA H, BENEVIDES P, MOREIRA F, et al., 2022. Spatially Stratified and Multi-Stage Approach for National Land Cover Mapping Based on Sentinel-2 Data and Expert Knowledge[J]. Remote Sensing, 14.

CRASE B, LIEDLOFF A, VESK P, et al., 2014. Incorporating spatial autocorrelation into species distribution models alters forecasts of climate-mediated range shifts[J]. Global CHANGE Biology, 20: 2566-2579.

CREDIT K, 2024. Introduction to the special issue on spatial machine learning[J]. Journal of Geographical Systems, 26: 451-460.

CRESSIE N A C. Statistics for spatial data[C]//: J. Wiley, 1993.

CUMMING G, 2014. The new statistics: why and how[J]. Psychological Science, 25: 7-29.

DANIEL C J, SLEETER B M, FRID L, et al., 2017. Integrating continuous stocks and flows into state-and-transition simulation models of landscape change[J]. Methods in Ecology and Evolution, 9: 1133-1143.

DAS M, GHOSH S K. A cost-efficient approach for measuring Moran's index of spatial autocorrelation in geostationary satellite data[C]//2016 IEEE International Geoscience and Remote Sensing Symposium (IGARSS). 2016: 5913-5916. 10.1109/IGARSS.2016.7730545.

DAW M A, DAW A M, SIFENNASR N E M, et al., 2019. Spatiotemporal analysis and epidemiological characterization of the human immunodeficiency virus (HIV) in Libya within a twenty five year period: 1993—2017[J]. Aids Research and Therapy, 16.

DE JONG P, SPRENGER C, VAN VEEN F, 1984. On Extreme Values of Moran's I and Geary's c[J]. Geographical Analysis, 16: 17-24.

DE LA MATA T, LLANO C, 2013. Social networks and trade of services: modelling interregional flows with spatial and network autocorrelation effects[J]. Journal of Geographical Systems, 15: 319-367.

DEBLAUWE V, KENNEL P, COUTERON P, 2012. Testing Pairwise Association between Spatially Autocorrelated Variables: A New Approach Using Surrogate Lattice Data[J]. PLoS One, 7: e48766.

DELMELLE E, 2009. The SAGE Handbook of Spatial Analysis[M] //A. S. FOTHERINGHAM, P. A. ROGERSON. SAGE Publications, Ltd; London: 183-206.

DINIZ-FILHO J A F, BARBOSA A, COLLEVATTI R G, et al.,2016. Spatial autocorrelation analysis and ecological niche modelling allows inference of range dynamics driving the population genetic structure of a Neotropical savanna tree[J]. Journal of Biogeography, 43: 167-177.

DINIZ-FILHO J A F, BINI L M, RANGEL T F, et al.,2012a. On the selection of phylogenetic eigenvectors for ecological analyses[J]. Ecography, 35: 239-249.

DINIZ-FILHO J A F, SIQUEIRA T, PADIAL A A, et al.,2012b. Spatial autocorrelation analysis allows disentangling the balance between neutral and niche processes in metacommunities [J]. Oikos, 121: 201-210.

DINIZ-FILHO J A F, SOARES T N, LIMA J S, et al.,2013. Mantel test in population genetics [J]. Genetics and Molecular Biology, 36: 475-485.

DINIZ - FILHO J A F, BINI L M, HAWKINS B A, 2003. Spatial autocorrelation and red herrings in geographical ecology[J]. Global Ecology & Biogeography, 12: 53-64.

DOMISCH S, WILSON A M, JETZ W, 2016. Model-based integration of observed and expert-based information for assessing the geographic and environmental distribution of freshwater species[J]. Ecography, 39: 1078-1088.

DONG K, HOCHMAN G, KONG X, et al.,2019. Spatial econometric analysis of China's PM10 pollution and its influential factors: Evidence from the provincial level[J]. Ecological Indicators, 96: 317-328.

DORMANN C F, WILSON R. Methods to account for spatial autocorrelation in the analysis of species distributional data: a review[C]//, 2007: 609-628.

DRAY S, 2011. A New Perspective about Moran's Coefficient: Spatial Autocorrelation as a Linear Regression Problem[J]. Geographical Analysis, 43: 127-141.

DRAY S, LEGENDRE P, PERES-NETO P R, 2006. Spatial modelling: a comprehensive framework for principal coordinate analysis of neighbour matrices (PCNM)[J]. Ecological Modelling, 196: 483-493.

DRAY S, PELISSIER R, COUTERON P, et al.,2012. Community ecology in the age of multivariate multiscale spatial analysis[J]. Ecological Monographs, 82: 257-275.

DUTILLEUL P, CLIFFORD P, RICHARDSON S, et al., 1993. Modifying the t Test for Assessing the Correlation Between Two Spatial Processes[J]. Biometrics, 49: 305-314.

EGGER P, LARCH M, PFAFFERMAYR M, et al., 2009. Small sample properties of maximum likelihood versus generalized method of moments based tests for spatially autocorrelated errors [J]. Regional Science and Urban Economics, 39: 670-678.

ELLIOTT P, WARTENBERG D, 2004. Spatial epidemiology: current approaches and future challenges[J]. Environmental health perspectives, 112: 998-1006.

EMERSON C W, LAM N S N, QUATTROCHI D A, 2005. A comparison of local variance, fractal dimension, and Moran's I as aids to multispectral image classification[J]. International Journal of Remote Sensing, 26: 1575-1588.

EPPERSON B K. Recent Advances in Correlation Studies of Spatial Patterns of Genetic Variation [C]//M. K. HECHT, R. J. MACINTYRE, M. T. CLEGG. Evolutionary Biology. Boston, MA: Springer US, 1993: 95-155. 10. 1007/978-1-4615-2878-4_4.

EPPERSON B K, 2010. Spatial correlations at different spatial scales are themselves highly correlated in isolation by distance processes[J]. Molecular Ecology Resources, 10: 845-853.

EPPERSON B K, ALLARD R W, 1989. Spatial autocorrelation analysis of the distribution of genotypes within populations of lodgepole pine[J]. Genetics, 121: 369-377.

EPPERSON B K, MCRAE B H, SCRIBNER K T, et al., 2010. Utility of computer simulations in landscape genetics[J]. Molecular Ecology, 19: 3549-3564.

EZCURRA R, RIOS V, 2015. Volatility and Regional Growth in Europe: Does Space Matter? [J]. Spatial Economic Analysis, 10: 344-368.

FISCHER M M, GETIS A. Handbook of Applied Spatial Analysis: Software Tools, Methods and Applications[C]//: Springer Berlin Heidelberg, 2009.

FISCHER M M, WANG J. Spatial Data Analysis: Models, Methods and Techniques[C]//: Springer Berlin Heidelberg, 2011.

FORESMAN T, LUSCOMBE R, 2017. The second law of geography for a spatially enabled economy[J]. International Journal of Digital Earth, 10: 979-995.

FORTIN M-J. Spatial Analysis of Ecological Data[C]//S. SHEKHAR, H. XIONG, X. ZHOU. Encyclopedia of GIS. Cham: Springer International Publishing, 2017: 1949-1957. 10. 1007/978-3-319-17885-1_1640.

FORTIN M-J, DALE M R T, 2009. Spatial Autocorrelation in Ecological Studies: A Legacy of Solutions and Myths[J]. Geographical Analysis, 41: 392-397.

FORTIN M-J, JACQUEZ G M, 2000. Randomization Tests and Spatially Auto-Correlated Data [J]. Bulletin of the Ecological Society of America, 81: 201-205.

FORTIN M J, DALE M R T. Spatial Analysis: A Guide for Ecologists[C]//: Cambridge University Press, 2005.

FORTIN M J, PAYETTE S, 2002. How to test the significance of the relation between spatially autocorrelated data at the landscape scale: A case study using fire and forest maps[J]. Ecoscience, 9: 213-218.

FOTHERINGHAM A S, BRUNSDON C, CHARLTON M. Geographically Weighted Regression: The Analysis of Spatially Varying Relationships[C]//: Wiley, 2002.

FRANK A. Using measures of spatial autocorrelation to describe socio-economic and racial residential patterns in US urban areas[C]//, 2002: 147-162.

GEARY R C, 1954. The Contiguity Ratio and Statistical Mapping[J]. The Incorporated Statistician, 5: 115-146.

GEBREAB S Y. Statistical Methods in Spatial Epidemiology[C]//Neighborhoods and Health. New York: Oxford University Press, 201810. 1093/oso/9780190843496. 003. 0004.

GETIS A. Spatial Filtering in a Regression Framework: Examples Using Data on Urban Crime, Regional Inequality, and Government Expenditures[C]//L. ANSELIN, R. J. G. M. FLORAX. New Directions in Spatial Econometrics. Berlin, Heidelberg: Springer Berlin Heidelberg, 1995: 172-185. 10. 1007/978-3-642-79877-1_8.

GETIS A, 2008. A History of the Concept of Spatial Autocorrelation: A Geographer's Perspective [J]. Geographical Analysis, 40: 297-309.

GETIS A, ORD J K, 1992. The Analysis of Spatial Association by Use of Distance Statistics[J]. Geographical Analysis, 24: 189-206.

GIBSON R K, BRADSTOCK R A, PENMAN T, et al., 2015. Climatic, vegetation and edaphic influences on the probability of fire across mediterranean woodlands of south-eastern Australia [J]. Journal of Biogeography, 42: 1750-1760.

GOODCHILD M F, 1992. Geographical information science[J]. International Journal of Geographical Information Systems, 6: 31-45.

GOODCHILD M F, 2004. The Validity and Usefulness of Laws in Geographic Information Science and Geography[J]. Annals of the Association of American Geographers, 94: 300-303.

GOODCHILD M F, 2009a. Geographic information systems and science: today and tomorrow[J]. Annals of GIS, 15: 3-9.

GOODCHILD M F, 2009b. What Problem? Spatial Autocorrelation and Geographic Information Science[J]. Geographical Analysis, 41: 411-417.

GOODCHILD M F, HAINING R P, 2004. GIS and spatial data analysis: Converging perspectives[J]. Papers in Regional Science, 83: 363-385.

GOTELLI N J, ULRICH W, 2012. Statistical challenges in null model analysis[J]. Oikos, 121: 171-180.

GREENE C J, MORLAND L A, DURKALSKI V L, et al., 2008. Noninferiority and equivalence designs: issues and implications for mental health research[J]. Journal of traumatic stress, 21: 433-439.

GREENLAND S, SENN S J, ROTHMAN K J, et al., 2016. Statistical tests, P values, confidence intervals, and power: a guide to misinterpretations[J]. European Journal of Epidemiology, 31: 337-350.

GREN I, CAMPOS M, GUSTAFSSON L, 2016. Economic development, institutions, and biodiversity loss at the global scale[J]. Regional Environmental Change, 16: 445-457.

GRIFFITH A D, CHUN Y, 2016. Spatial Autocorrelation and Uncertainty Associated with Remotely-Sensed Data[J]. Remote Sensing, 8.

GRIFFITH D A. Spatial Autocorrelation: A Prime[C]//London: Poin, 1987.

GRIFFITH D A, 1988. Estimating Spatial Autoregressive Model Parameters with Commercial Statistical Packages[J]. Geographical Analysis, 20: 176-186.

GRIFFITH D A, 1992. Simplyfing the Normalizing Factors in Spatial Autoregressions for Irregular Lattices[J]. Papers in Regional Science, 71: 71-86.

GRIFFITH D A, 1996. Spatial Autocorrelation and Eigenfunctions of the Geographic Weights Matrix Accompanying Geo-Referenced Data[J]. The Canadian Geographer / Le Géographe canadien, 40: 351-367.

GRIFFITH D A, 2000a. Eigenfunction properties and approximations of selected incidence matrices employed in spatial analyses[J]. Linear Algebra and its Applications, 321: 95-112.

GRIFFITH D A, 2000b. A linear regression solution to the spatial autocorrelation problem[J]. Journal of Geographical Systems, 2: 141-156.

GRIFFITH D A, Spatial Autocorrelation and Spatial Filtering: Gaining Understanding Through Theory and Scientific Visualization[C]//: Springer, 2003.

GRIFFITH D A, 2004a. Extreme eigenfunctions of adjacency matrices for planar graphs employed in spatial analyses[J]. Linear Algebra and its Applications, 388: 201-219.

GRIFFITH D A, 2004b. Faster maximum likelihood estimation of very large spatial autoregressive models: an extension of the Smirnov-Anselin result[J]. Journal of Statistical Computation and Simulation, 74: 855-866.

GRIFFITH D A, 2005. Effective Geographic Sample Size in the Presence of Spatial Autocorrelation[J]. Annals of the Association of American Geographers, 95: 740-760.

GRIFFITH D A, 2010. The Moran coefficient for non-normal data[J]. Journal of Statistical Planning and Inference, 140: 2980-2990.

GRIFFITH D A, 2011. Positive spatial autocorrelation impacts on attribute variable frequency distributions[J]. Chilean Journal of Statistics, 2: 3-28.

GRIFFITH D A, 2012. Spatial statistics: A quantitative geographer's perspective[J]. Spatial Statistics, 1: 3-15.

GRIFFITH D A, 2015a. Approximation of Gaussian spatial autoregressive models for massive regular square tessellation data[J]. International Journal of Geographical Information Science, 29: 2143-2173.

GRIFFITH D A, 2015b. On The Eigenvalue Distribution Of Adjacency Matrices For Connected Planar Graphs[J]. Quaestiones Geographicae, 34: 39.

GRIFFITH D A, 2019. Negative Spatial Autocorrelation: One of the Most Neglected Concepts in Spatial Statistics[J]. Stats, 2: 388-415.

GRIFFITH D A, AGARWAL K, CHEN M F, et al., 2022a. Geospatial socio-economic/demographic data: The existence of spatial autocorrelation mixtures in georeferenced data-Part I [J]. Transactions in Gis, 26: 72-87.

GRIFFITH D A, AGARWAL K, CHEN M F, et al., 2022b. Geospatial socio-economic/demographic data: The existence of spatial autocorrelation mixtures in georeferenced data-Part II [J]. Transactions in Gis, 26: 88-99.

GRIFFITH D A, AKIO S, 1995. Trade-offs associated with normalizing constant computional simplifications for estimating spatial statistical models[J]. Journal of Statistical Computation and Simulation, 51: 165-183.

GRIFFITH D A, CHUN Y W, HAUKE J, 2022c. A Moran eigenvector spatial filtering specification of entropy measures[J]. Papers in Regional Science, 101: 259-279.

GRIFFITH D A, LAYNE L J, LAYNE A P G R D L J, et al. A Casebook for Spatial Statistical Data Analysis: A Compilation of Analyses of Different Thematic Data Sets[C]//:Oxford University Press, 1999.

GRIFFITH D A, PAELINCK J H P. Non-standard Spatial Statistics and Spatial Econometrics [C]//:Springer Berlin Heidelberg, 2011.

GRIFFITH D A, PERESNETO P R, 2006. SPATIAL MODELING IN ECOLOGY: THE FLEXIBILITY OF EIGENFUNCTION SPATIAL ANALYSES[J]. Ecology, 87: 2603-2613.

GRIGSBY-TOUSSAINT D, SHIN J, 2022. COVID-19, green space exposure, and mask mandates[J]. Science of the Total Environment, 836.

GU T, CHEN W, LIANG J, et al., 2023. Identifying the driving forces of cultivated land fragmentation in China [J]. Environmental Science and Pollution Research, 30: 105275-105292.

GUO A D, YANG J, SUN W, et al., 2020a. Impact of urban morphology and landscape characteristics on spatiotemporal heterogeneity of land surface temperature[J]. Sustainable Cities and Society, 63: 12.

GUO A D, YANG J, XIAO X M, et al., 2020b. Influences of urban spatial form on urban heat island effects at the community level in China[J]. Sustainable Cities and Society, 53: 12.

HAINING R P, 1978. The Moving Average Model for Spatial Interaction[J]. Transactions of the Institute of British Geographers, 3: 202-225.

HAINING R P, 2009a. Spatial Autocorrelation and the Quantitative Revolution[J]. Geographical Analysis, 41: 364-374.

HAINING R P. The Special Nature of Spatial Data[C]//A. S. FOTHERINGHAM, P. A ROGERSON. The Sage Handbook of Spatial Analysis. Thousand Oaks:Sage,2009b:5-24.

HALL C A, MEYER W W, 1976. Optimal error bounds for cubic spline interpolation[J]. Journal of Approximation Theory, 16: 105-122.

HANSEN L P, 1982. Large Sample Properties of Generalized Method of Moments Estimators[J]. Econometrica, 50: 1029-1054.

HAO Y, LIU Y-M, 2016. The influential factors of urban PM2. 5 concentrations in China: a spatial econometric analysis[J]. Journal of Cleaner Production, 112: 1443-1453.

HARVEY C R, 2017. Presidential Address: The Scientific Outlook in Financial Economics[J]. The Journal of Finance, 72: 1399-1440.

HEAD M L, HOLMAN L, LANFEAR R, et al.,2015. The extent and consequences of p-hacking in science[J]. PLoS Biology, 13: e1002106.

HEROLD M, MAYAUX P, WOODCOCK C E, et al.,2008. Some challenges in global land cover mapping: An assessment of agreement and accuracy in existing 1 km datasets[J]. Remote Sensing of Environment, 112: 2538-2556.

HEYDARI S S, MOUNTRAKIS G, 2018. Effect of classifier selection, reference sample size, reference class distribution and scene heterogeneity in per-pixel classification accuracy using 26 Landsat sites[J]. Remote Sensing of Environment, 204: 648-658.

HINTON G, SALAKHUTDINOV R, 2006. Reducing the dimensionality of data with neural networks[J]. Science, 313: 504-507.

HODGES J L, LEHMANN E L, 1954. Testing the Approximate Validity of Statistical Hypotheses. Journal of the Royal Statistical Society[J]. Series B (Methodological), 16: 261-268.

HONG Y, WHITE H, 2005. Asymptotic Distribution Theory for Nonparametric Entropy Measures of Serial Dependence[J]. Econometrica, 73: 837-901.

HRISTOPULOS D, 2015. Stochastic Local Interaction (SLI) model: Bridging machine learning and geostatistics[J]. Compputers & Geosciences, 85: 26-37.

IALONGO C, 2016. Understanding the effect size and its measures[J]. Biochemia medica, 26: 150-163.

ISLAM M, LI B, LEE C, et al.,2022. Incorporating spatial information in machine learning: The Moran eigenvector spatial filter approach[J]. TRANSACTIONS IN GIS, 26: 902-922.

JACKSON M C, HUANG L, XIE Q, et al.,2010. A modified version of Moran's I[J]. International journal of health geographics, 9: 33.

JAFARY P, SHOJAEI D, RAJABIFARD A, et al.,2024. Automating property valuation at the macro scale of suburban level: A multi-step method based on spatial imputation techniques, machine learning and deep learning[J]. Habitat International, 148.

JEMELJANOVA M, KMOCH A, UUEMAA E, 2024. Adapting machine learning for environmental spatial data—A review[J]. Ecological Informatics, 81: 102634.

JIAO L, SHEN T, HAN Y, et al.,2024. The spatial-temporal distribution of hepatitis B virus infection in China,2006-2018[J]. BMC Infectious Diseases, 24.

JIAO Z, TAO R, 2025. Geographical Gaussian Process Regression: A Spatial Machine-Learning Model Based on Spatial Similarity[J]. Geographical Analysis.

JUNEJA A, AGGARWAL A R, ADHIKARI T, et al.,2016. Testing of Hypothesis in Equivalence and Non Inferiority Trials-A Concept[J]. Journal of Clinical and Diagnostic Research, 10: LG01-LG03.

KANEVSKI M, TIMONIN V, POZDNUKHOV A. Machine Learning for Spatial Environmental Data: Theory, Applications, and Software [C]//Environmental sciences research report. CRC Press, 2009.

KAPLAN R M, CHAMBERS D A, GLASGOW R E, 2014. Big data and large sample size: a cautionary note on the potential for bias[J]. Clinical Translational Science, 7: 342-346.

KEITT T H, 2000. Spectral representation of neutral landscapes[J]. Landscape Ecology, 15: 479-494.

KELEJIAN H H, PRUCHA I R, 1999. A Generalized Moments Estimator for the Autoregressive Parameter in a Spatial Model[J]. International Economic Review, 40: 509-533.

KELEJIAN H H, PRUCHA I R, 2010. Specification and estimation of spatial autoregressive models with autoregressive and heteroskedastic disturbances[J]. Journal of Econometrics, 157: 53-67.

KELEJIAN H H, ROBINSON D P, 1998. A suggested test for spatial autocorrelation and/or heteroskedasticity and corresponding Monte Carlo results[J]. Regional Science and Urban Economics, 28: 389-417.

KIM J H, AHMED K, JI P I, 2018. Significance Testing in Accounting Research: A Critical Evaluation Based on Evidence[J]. Abacus, 54: 524-546.

KIRK R E, 1996. Practical Significance: A Concept Whose Time Has Come[J]. Educational and Psychological Measurement, 56: 746-759.

KIRK R E, 2013. Using and reporting measures of effect size[M]: https://studylib.net/doc/5807213/using-and-reporting-measures-of-effect-size.

KISSLING W D, CARL G, 2008. Spatial autocorrelation and the selection of simultaneous autoregressive models[J]. Global Ecology and Biogeography, 17: 59-71.

KMOCH A, HARRISON C, CHOI J, et al., 2025. Spatial autocorrelation in machine learning for modelling soil organic carbon[J]. Ecological Informatics, 86: 103057.

KOMOROWSKI M, MARSHALL D C, SALCICCIOLI J D, et al. Exploratory Data Analysis [C]//M. I. T. C. DATA. Secondary Analysis of Electronic Health Records. Cham: Springer International Publishing, 2016: 185-203. 10.1007/978-3-319-43742-2_15.

KOO H, CHUN Y, GRIFFITH D, 2018. Integrating spatial data analysis functionalities in a GIS environment: Spatial Analysis using ArcGIS Engine and R (SAAR)[J]. Transactions in GIS, 22: 721-736.

KOPCZEWSKA K, 2022. Spatial machine learning: new opportunities for regional science[J]. Annals of Regional Science, 68: 713-755.

KRESOVA S, HESS S, 2022. Identifying the Determinants of Regional Raw Milk Prices in Russia Using Machine Learning[J]. Agriculture-Basel, 12.

KULLDORFF M, 1997. A spatial scan statistic[J]. Communications in Statistics—Theory and Methods, 26: 1481-1496.

KULLDORFF M, NAGARWALLA N, 1995. Spatial disease clusters: Detection and inference

[J]. Statistics in Medicine, 14: 799-810.

LAM N S N, 1983. Spatial Interpolation Methods—A Review[J]. American Cartographer, 10: 129-149.

LANTZ B, 2013. The large sample size fallacy[J]. Scand J Caring Sci, 27: 487-492.

LAPIERRE J F, COLLINS S M, SEEKELL D A, et al., 2018. Similarity in spatial structure constrains ecosystem relationships: Building a macroscale understanding of lakes[J]. Global Ecology and Biogeography, 27: 1251-1263.

LAWSON A B, BANERJEE S, UGARTE M D, et al. Handbook of Spatial Epidemiology[C]//: CRC Press LLC, 2016.

LE GALLO J, LOPEZ F A, CHASCO C, 2020. Testing for spatial group-wise heteroskedasticity in spatial autocorrelation regression models: Lagrange multiplier scan tests[J]. Annals of Regional Science, 64: 287-312.

LEE M Y, 2014. The Effect of Nonzero Autocorrelation Coefficients on the Distributions of Durbin-Watson Test Estimator: Three Autoregressive Models[J]. Expert Journal of Economics, 2: 85-99.

LEE S-I, 2001. Developing a bivariate spatial association measure: An integration of Pearson's r and Moran's I[J]. Journal of Geographical Systems, 3: 369-385.

LEE S-I, LEE M, CHUN Y, et al., 2019. Uncertainty in the effects of the modifiable areal unit problem under different levels of spatial autocorrelation: a simulation study[J]. International Journal of Geographical Information Science, 33: 1135-1154.

LEGENDRE P, 1993. Spatial Autocorrelation—Trouble or New Paradigm[J]. Ecology, 74: 1659-1673.

LEGENDRE P, DALE M R T, FORTIN M, et al., 2002. The consequences of spatial structure for the design and analysis of ecological field surveys[J]. Ecography, 25: 601-615.

LEGENDRE P, DALE M R T, FORTIN M J, et al., 2004. Effects of spatial structures on the results of field experiments[J]. Ecology, 85: 3202-3214.

LEGENDRE P, FORTIN M J, 1989. Spatial pattern and ecological analysis[J]. Vegetatio, 80: 107-138.

LEGENDRE P, LEGENDRE L F J. Numerical Ecology[C]//:Elsevier Science, 1998.

LESAFFRE E, 2008. Superiority, equivalence, and non-inferiority trials[J]. Bull NYU Hosp Jt Dis, 66: 150-154.

LESAGE J, KELLY PACE R. Introduction to Spatial Econometrics. CRC Press, Boca Raton, FL [C]//, 200910.1201/9781420064254.

LEUNG Y, MEI C-L, ZHANG W-X, 2000. Testing for Spatial Autocorrelation among the Residuals of the Geographically Weighted Regression[J]. Environment and Planning A: Economy and Space, 32: 871-890.

LI D, ZHAO X, LI X, 2016. Remote sensing of human beings — a perspective from nighttime light[J]. Geo-spatial Information Science, 19: 69-79.

LI H, CALDER C A, CRESSIE N, 2007. Beyond Moran's I: Testing for Spatial Dependence Based on the Spatial Autoregressive Model[J]. Geographical Analysis, 39: 357-375.

LI H, ZHANG C, CHEN M, et al., 2023a. Data-driven surrogate modeling: Introducing spatial lag to consider spatial autocorrelation of flooding within urban drainage systems[J]. Environmental Modelling & Software, 161.

LI J, HEAP A D, 2014. Spatial interpolation methods applied in the environmental sciences: A review[J]. Environmental Modelling & Software, 53: 173-189.

LI J X, SONG C H, CAO L, et al., 2011. Impacts of landscape structure on surface urban heat islands: A case study of Shanghai, China[J]. Remote Sensing of Environment, 115: 3249-3263.

LI R, CHENG S, LUO C, et al., 2017. Epidemiological Characteristics and Spatial-Temporal Clusters of Mumps in Shandong Province, China, 2005—2014[J]. Scientific Reports, 7: 46328.

LI W, HSU C-Y, HU M, 2021. Tobler's First Law in GeoAI: A Spatially Explicit Deep Learning Model for Terrain Feature Detection under Weak Supervision[J]. Annals of the American Association of Geographers, 111: 1887-1905.

LI W, HSU C, WANG S, et al., 2024. GeoAI Reproducibility and Replicability: A Computational and Spatial Perspective[J]. Annals of the American Association of Geographers, 114: 2085-2103.

LI Y, CAMMARANO D, YUAN F, et al., 2023b. A novel method for optimizing regional-scale management zones based on a sustainable environmental index[J]. Precision Agriculture.

LI Z-L, TANG B-H, WU H, et al., 2013. Satellite-derived land surface temperature: Current status and perspectives[J]. Remote Sensing of Environment, 131: 14-37.

LIN M, LUCAS H C, SHMUELI G, 2013. Research Commentary—Too Big to Fail: Large Samples and the p-Value Problem[J]. Information Systems Research, 24: 906-917.

LIU C, CHEN Y, WEI Y M, et al., 2023a. Spatial Population Distribution Data Disaggregation Based on SDGSAT-1 Nighttime Light and Land Use Data Using Guilin, China, as an Example[J]. REMOTE SENSING, 15.

LIU P Y, BILJECKI F, 2022. A review of spatially-explicit GeoAI applications in Urban Geography[J]. International Journal of Applied Earth Observation and Geoinformation, 112.

LIU Q, WEI Z, YANG J, et al., 2025. Flow Yang Chizhong Filtering for Correcting Global Spatial Autocorrelation in Flow Hotspot Detection[J]. Transaction in GIS, 29.

LIU Q Q, WANG S J, ZHANG W Z, et al., 2018. Does foreign direct investment affect environmental pollution in China's cities? A spatial econometric perspective[J]. Science of the Total Environment, 613: 521-529.

LIU X, GUO P, YUE X, et al., 2021. Urban transition in China: Examining the coordination between urbanization and the eco-environment using a multi-model evaluation method[J]. Ecological Indicators, 130.

LIU X, JIN X, LUO X, et al.,2023b. Multi-scale variations and impact factors of carbon emission intensity in China[J]. Science of the Total Environment, 857.

LIU X, KOUNADI O, ZURITA-MILLA R, 2022. Incorporating Spatial Autocorrelation in Machine Learning Models Using Spatial Lag and Eigenvector Spatial Filtering Features[J]. ISPRS Internaitonal Journal of Geo-Information, 11.

LóPEZ F, MATILLA-GARCíA M, MUR J, et al.,2010. A non-parametric spatial independence test using symbolic entropy[J]. Regional Science and Urban Economics, 40: 106-115.

LU B, YANG W, GE Y, et al.,2018. Improvements to the calibration of a geographically weighted regression with parameter-specific distance metrics and bandwidths[J]. Computers, Environment and Urban Systems, 71: 41-57.

LUO Q, GRIFFITH D A, WU H. The Moran Coefficient and the Geary Ratio: Some Mathematical and Numerical Comparisons[C]//Advances in Geocomputation. Cham:Springer International Publishing,2017:253-269.

LUO Q, GRIFFITH D A, WU H, 2018. On the Statistical Distribution of the Nonzero Spatial Autocorrelation Parameter in a Simultaneous Autoregressive Model[J]. ISPRS International Journal of Geo-Information, 7.

LUO Q, GRIFFITH D A, WU H, 2019. Spatial autocorrelation for massive spatial data: verification of efficiency and statistical power asymptotics[J]. Journal of Geographical Systems, 21: 237-269.

LUO Q, HU K, LIU W, et al.,2022. Scientometric Analysis for Spatial Autocorrelation-Related Research from 1991 to 2021[J]. ISPRS International Journal of Geo-Information, 11.

MA C, WU H, LI X, 2023. Spatial spillover of local general higher education expenditures on sustainable regional economic growth: A spatial econometric analysis[J]. Plos One, 18.

MA J, GAO X, LIU B, et al.,2019. Epidemiology and spatial distribution of bluetongue virus in Xinjiang, China[J]. Peerj, 7.

MAI G, XIE Y, JIA X, et al.,2025. Towards the next generation of Geospatial Artificial Intelligence[J]. International Journal of Applied Earth Observation and Geoinformation, 136.

MANDELBROT B B A V N J W, 1968. Fractional Brownian Motions, Fractional Noises and Applications[J]. SIAM Review, 10: 422-437.

MANEL S, JOOST S, EPPERSON B K, et al.,2010. Perspectives on the use of landscape genetics to detect genetic adaptive variation in the field[J]. Molecular Ecology, 19: 3760-3772.

MAO J, JAIN A K, 1992. Texture classification and segmentation using multiresolution simultaneous autoregressive models[J]. Pattern Recognition, 25: 173-188.

MARIANO C, MONICA B, 2021. A random forest-based algorithm for data-intensive spatial interpolation in crop yield mapping[J]. Computers and Electronics in Agriculture, 184.

MARKELLO R D, MISIC B, 2021. Comparing spatial null models for brain maps[J]. Neuroimage, 236.

MATHERON G, 1963. Principles of geostatistics[J]. Economic Geology, 58: 1246-1266.

MATHESON K, 2008. Statistical versus Practical Significance[M]. https://atrium.lib.uoguelph.ca/xmlui/bitstream/handle/10214/1869/A_Statistical_versus_Practical_Significance.pdf.

MATILLA-GARCíA M, MARíN M R, 2008. A non-parametric independence test using permutation entropy[J]. Journal of Econometrics, 144: 139-155.

MEAD R, 1967. A Mathematical Model for the Estimation of Inter-Plant Competition[J]. Biometrics, 23: 189-205.

MEISNER G B, ARAUJO R. The Golden Ratio: The Divine Beauty of Mathematics[C]//:Race Point Publishing,2018.

MELLANDER C, LOBO J, STOLARICK K, et al.,2015. Night-Time Light Data: A Good Proxy Measure for Economic Activity? [J]. Plos One, 10: e0139779.

MERTES K, JETZ W, 2018. Disentangling scale dependencies in species environmental niches and distributions[J]. Ecography, 41: 1604-1615.

MILLARD K, RICHARDSON M, 2015. On the Importance of Training Data Sample Selection in Random Forest Image Classification: A Case Study in Peatland Ecosystem Mapping[J]. Remot Sensing, 7: 8489-8515.

MISIUK B, BROWN C, 2023. Improved environmental mapping and validation using bagging models with spatially clustered data[J]. Ecological Informatics, 77.

MOHANKUMAR N, HEFLEY T, 2022. Using machine learning to model nontraditional spatial dependence in occupancy data[J]. Ecology, 103.

MONTGOMERY D C, PECK E A, VINING G G. Introduction to Linear Regression Analysis [C]//:Wiley,2012.

MOOSA I A. Econometrics as a Con Art: Exposing the Limitations and Abuses of Econometrics [C]//:Edward Elgar Publishing Limited, 2017.

MORAN P A P, 1950. Notes on Continuous Stochastic Phenomena[J]. Biometrika, 37: 17-23.

MOSLEMI A, 2023. A tutorial-based survey on feature selection: Recent advancements on feature selection[J]. Engineering Applications of Artificial Intelligence, 126: 107136.

MüLLER W G. Collecting Spatial Data: Optimum Design of Experiments for Random Fields [C]//:Springer Berlin Heidelberg, 2007.

MURAKAMI D, GRIFFITH D A, 2019. Eigenvector Spatial Filtering for Large Data Sets: Fixed and Random Effects Approaches[J]. Geographical Analysis, 51: 23-49.

MUSHAGALUSA C, FANDOHAN A, KAKAï R, 2024. Random forest and spatial cross-validation performance in predicting species abundance distributions[J]. Environmental Systems Research, 13.

ODEN N, 1995. Adjusting Moran's I for population density[J]. Stat Med, 14: 17-26.

OJO A. GIS and Machine Learning for Small Area Classifications in Developing Countries[C]//: CRC Press, 2020.

OLIVEAU S, GUILMOTO C Z. Spatial Correlation and Demography: Exploring India's Demographic Patterns[C]//XXV International Population Conference. 2005 citeulike-article-id:

1224673.

ORD J K, GETIS A, 1995. Local Spatial Autocorrelation Statistics: Distributional Issues and an Application[J]. Geographical Analysis, 27: 286-306.

ORD J K, GETIS A, 2001. Testing for local spatial autocorrelation in the presence of global autocorrelation[J]. Journal of Regional Science, 41: 411-432.

ORD K, 1975. Estimation Methods for Models of Spatial Interaction[J]. Journal of the American Statistical Association, 70: 120-126.

PAELINCK J H P, KLAASSEN L H, ANCOT J P, et al. Spatial Econometrics[C]//: Saxon House, 1979.

PARKS D H, BEIKO R G, 2010. Identifying biologically relevant differences between metagenomic communities. Bioinformatics, 26: 715-721.

PEAKALL R, RUIBAL M, LINDENMAYER D B. SPATIAL AUTOCORRELATION ANALYSIS OFFERS NEW INSIGHTS INTO GENE FLOW IN THE AUSTRALIAN BUSH RAT, RATTUS FUSCIPES[C]// 2016: 1182-1195.

PEAKALL R, SMOUSE P E, 2012. GenAlEx 6.5: genetic analysis in Excel. Population genetic software for teaching and research-an update[J]. Bioinformatics, 28: 2537-2539.

PEBESMA E J, 2004. Multivariable geostatistics in S: the gstat package[J]. Computers & Geosciences, 30: 683-691.

PEBESMA E J, 2006. The Role of External Variables and GIS Databases in Geostatistical Analysis[J]. Transactions in GIS, 10: 615-632.

PORTA M. A Dictionary of Epidemiology[C]//:Oxford University Press, 2014.

PROVOST B S, 2015. Closed-Form Representations of the Density Function and Integer Moments of the Sample Correlation Coefficient[J]. Axioms, 4.

QIU F, SRIDHARAN H, CHUN Y, 2010. Spatial Autoregressive Model for Population Estimation at the Census Block Level Using LIDAR-derived Building Volume Information[J]. Cartography and Geographic Information Science, 37: 239-257.

RAMEZAN C, WARNER T, MAXWELL A, 2019. Evaluation of Sampling and Cross-Validation Tuning Strategies for Regional-Scale Machine Learning Classification[J]. Remote Sensing, 11.

REN H, SHANG Y, ZHANG S, 2020. Measuring the spatiotemporal variations of vegetation net primary productivity in Inner Mongolia using spatial autocorrelation[J]. Ecological Indicators, 112.

REZAEIAN M, DUNN G, ST LEGER S, et al.,2007. Geographical epidemiology, spatial analysis and geographical information systems: a multidisciplinary glossary[J]. Journal of epidemiology and community health, 61: 98-102.

RICHARDSON S, GUIHENNEUC-JOUYAUX C, 2009. Impact of Cliff and Ord (1969, 1981) on Spatial Epidemiology[J]. Geographical Analysis, 41: 444-451.

RIPLEY B D, 1976. The Second-Order Analysis of Stationary Point Processes[J]. Journal of Applied Probability, 13: 255-266.

RIPLEY B D, 1977. Modelling Spatial Patterns[J]. Journal of the Royal Statistical Society: Series B (Methodological), 39: 172-192.

RIPLEY B D. Spatial Statistics[C]//: Wiley, 1981.

ROBERT H G A R V O N, 1991. Pattern, process, and predictability: the use of neutral models for landscape analysis[J]. Ecological studies, 82: 289-307.

ROBERTS D, BAHN V, CIUTI S, et al., 2017. Cross-validation strategies for data with temporal, spatial, hierarchical, or phylogenetic structure[J]. Ecography, 40: 913-929.

ROBINSON P M, ROSSI F, 2015. REFINED TESTS FOR SPATIAL CORRELATION[J]. Econometric Theory, 31: 1249-1280.

ROCHA A, GROEN T, SKIDMORE A, 2019. Spatially-explicit modelling with support of hyperspectral data can improve prediction of plant traits[J]. Remote Sensing of Environment, 231.

ROGERSON P, YAMADA I. Statistical Detection and Surveillance of Geographic Clusters [C]//:CRC Press, 2008.

ROGERSON P A, 2001. A statistical method for the detection of geographic clustering[J]. Geographical Analysis[J], 33: 215-227.

ROGERSON P A, 2022. Scan Statistics Adjusted for Global Spatial Autocorrelation[J]. Geographical Analysis[J], 54: 739-751.

ROGERSON P A, WANG L, 2013. Simple Scan Tests for Spatial Clustering on a Square Lattice [J]. Geographical Analysis, 45: 202-211.

RONDON O, 2012. Teaching Aid: Minimum/Maximum Autocorrelation Factors for Joint Simulation of Attributes[J]. Mathematical Geosciences, 44: 469-504.

RUGGIERO M, REUSCH T, PROCACCINI G, 2005. Local genetic structure in a clonal dioecious angiosperm[J]. Molecular Ecology, 14: 957-967.

SAHR K, WHITE D, KIMERLING A J, 2003. Geodesic Discrete Global Grid Systems[J]. Cartography and Geographic Information Science, 30: 121-134.

SALAZAR J, GARLAND L, OCHOA J, et al., 2022. Fair train-test split in machine learning: Mitigating spatial autocorrelation for improved prediction accuracy[J]. Journal of Petroleum Science and Engineering, 209.

SALEEM N, MANGALATHU S, AHMED B, et al., 2024. Machine learning-based peak ground acceleration models for structural risk assessment using spatial data analysis[J]. Earthquake Engineering & Structural Dynamics, 53: 152-178.

SEKULIC A, KILIBARDA M, HEUVELINK G, et al., 2020. Random Forest Spatial Interpolation[J]. Remote Sensing, 12.

SHEPARD D, 1968. A two-dimensional interpolation function for irregularly-spaced data[M], Proceedings of the 1968 23rd ACM national conference. Association for Computing Machinery: 517-524.

SIBSON R. A brief discription of natural neighbor interpolation[C]//V. BARNETT. Interpreting

Multivariate Data. New York: John Wiley & Sons, 1981: 21-36.

SOKAL R R, ODEN N L, 1978a. Spatial autocorrelation in biology: 1. Methodology[J]. Biological Journal of the Linnean Society, 10: 199-228.

SOKAL R R, ODEN N L, 1978b. Spatial autocorrelation in biology: 2. Some biological implications and four applications of evolutionary and ecological interest[J]. Biological Journal of the Linnean Society, 10: 229-249.

SOKAL R R, ODEN N L, THOMSON B A, 1998. Local spatial autocorrelation in biological variables[J]. Biological Journal of the Linnean Society, 65: 41-62.

SOKAL R R, ROHLF F J. Introduction to Biostatistics[C]//: Dover Publications, 2009.

SPIJKER J, RECAñO J, MARTíNEZ S, et al., 2021. Mortality by cause of death in Colombia: a local analysis using spatial econometrics[J]. Journal of Geographical Systems, 23: 161-207.

SPIKER J S, WARNER T A. Scale and Spatial Autocorrelation From A Remote Sensing Perspective[C]//R. R. JENSEN, J. D. GATRELL, D. MCLEAN. Geo-Spatial Technologies in Urban Environments: Policy, Practice, and Pixels. Berlin, Heidelberg: Springer Berlin Heidelberg, 2007: 197-213. 10. 1007/978-3-540-69417-5_10.

STERBA S K, 2009. Alternative Model-Based and Design-Based Frameworks for Inference From Samples to Populations: From Polarization to Integration[J]. Multivariate behavioral research, 44: 711-740.

STIGLER S M. The Seven Pillars of Statistical Wisdom[C]//: Harvard University Press, 2016.

STUDENT, 1914. Ⅳ. The Elimination of Spurious Correlation due to position in Time or Space [J]. Biometrika, 10: 179-180.

SULLIVAN G M, FEINN R, 2012. Using Effect Size-or Why the P Value Is Not Enough[J]. Journal of graduate medical education, 4: 279-282.

SUN K, HU Y, LAKHANPAL G, et al. Spatial Cross-Validation for GeoAI[C]//S. GAO, Y. HU, W. LI. Handbook of Geospatial Artificial Intelligence. Boca Raton: CRC Press, 2023a https://doi.org/10. 1201/9781003308423.

SUN S, ZHANG H, 2023. Flow-Data-Based Global Spatial Autocorrelation Measurements for Evaluating Spatial Interactions[J]. ISPRS International Journal of Geo-Information, 12.

SUN X, LI Q, KONG X, et al., 2023b. Spatial Characteristics and Obstacle Factors of Cultivated Land Quality in an Intensive Agricultural Region of the North China Plain[J]. Land, 12.

SZUMILAS M, 2010. Explaining odds ratios[J]. Journal of the Canadian Academy of Child and Adolescent Psychiatry = Journal de l'Academie canadienne de psychiatrie de l'enfant et de l'adolescent, 19: 227-229.

TAIT M, TOBIN J, 2017. Three conjectures in extremal spectral graph theory[J]. Journal of Combinatorial Theory, Series B, 126: 137-161.

TENG S N, XU C, SANDEL B, et al., 2018. Effects of intrinsic sources of spatial autocorrelation on spatial regression modelling[J]. Methods in Ecology and Evolution, 9: 363-372.

TEPE E, 2024. A random forests-based hedonic price model accounting for spatial autocorrelation

[J]. Journal of Geographical Systems, 26: 511-540.

THAYN J B, SIMANIS J M, 2013. Accounting for Spatial Autocorrelation in Linear Regression Models Using Spatial Filtering with Eigenvectors[J]. Annals of the Association of American Geographers, 103: 47-66.

TIAN F, FENSHOLT R, VERBESSELT J, et al., 2015. Evaluating temporal consistency of long-term global NDVI datasets for trend analysis[J]. Remote Sensing of Environment, 163: 326-340.

TIEFELSDORF M, BOOTS B, 1995. The Exact Distribution of Moran's I[J]. Environment and Planning A: Economy and Space, 27: 985-999.

TOBLER W, 1999. Linear pycnophylactic reallocation comment on a paper by D. Martin[J]. International Journal of Geographical Information Science, 13: 85-90.

TOBLER W R, 1970. A Computer Movie Simulating Urban Growth in the Detroit Region[J]. Economic Geograhy, 46: 234-240.

VALLEJOS R, ACOSTA J, 2021. The effective sample size for multivariate spatial processes with an application to soil contamination[J]. Natural Resource Modeling, 34.

VAN DEN ENDE M, AMPUERO J, 2020. Automated Seismic Source Characterization Using Deep Graph Neural Networks[J]. Geophysical Research Letters, 47.

VAN ECK N J, WALTMAN L, 2010. Software survey: VOSviewer, a computer program for bibliometric mapping[J]. Scientometrics, 84: 523-538.

VáŠA F, MIŠIĆ B, 2022. Null models in network neuroscience[J]. Nature Review Neuroscience, 23: 493-504.

VEECH J A, 2012. Significance testing in ecological null models[J]. Theoretical Ecology, 5: 611-616.

VEKEMANS X, HARDY O J, 2004. New insights from fine-scale spatial genetic structure analyses in plant populations[J]. Molecular Ecology, 13: 921-935.

VER HOEF J M, HANKS E M, HOOTEN M B, 2018. On the relationship between conditional (CAR) and simultaneous (SAR) autoregressive models[J]. Spatial Statistics, 25: 68-85.

VER HOEF J M, PETERSON E E, HOOTEN M B, et al., 2017. Spatial autoregressive models for statistical inference from ecological data[J]. Ecological Monographs, 88: 36-59.

VICTOR N, 1987. On clinically relevant differences and shifted null hypotheses[J]. Methods Information Medicine, 26: 109-116.

VOPHAM T, HART J E, LADEN F, et al., 2018. Emerging trends in geospatial artificial intelligence (geoAI): potential applications for environmental epidemiology[J]. Environmental Health, 17: 40.

WADOUX A, HEUVELINK G, 2023. Uncertainty of spatial averages and totals of natural resource maps[J]. Methods in Ecology and Evolution, 14: 1320-1332.

WAGENMAKERS E-J, 2007. A practical solution to the pervasive problems of p values[J]. Psychonomic Bulletin & Review, 14: 779-804.

WAGNER H H, DRAY S, 2015. Generating spatially constrained null models for irregularly spaced data using Moran spectral randomization methods[J]. Methods in Ecology and Evolution, 6: 1169-1178.

WALDE J, LARCH M, TAPPEINER G, 2008. Performance contest between MLE and GMM for huge spatial autoregressive models[J]. Journal of Statistical Computation and Simulation, 78: 151-166.

WALDHOR T, 1996. The spatial autocorrelation coefficient Moran's I under heteroscedasticity [J]. Statistics in Medicine, 15: 887-892.

WALKER E, NOWACKI A S, 2011. Understanding equivalence and noninferiority testing[J]. Journal of general internal medicine, 26: 192-196.

WAN H, ZHANG W, WU W, et al.,2023. Environmental factors affecting soil organic carbon, total nitrogen, total phosphorus under two cropping systems in the Three Gorges Reservoir area[J]. Journal of Soils and Sediments, 23: 831-844.

WANG C, ZHANG X, GHADIMI P, et al.,2019a. The impact of regional financial development on economic growth in Beijing-Tianjin-Hebei region: A spatial econometric analysis[J]. Physica A-Statistical Mechanics and its Applications, 521: 635-648.

WANG J-F, STEIN A, GAO B-B, et al.,2012. A review of spatial sampling[J]. Spatial Statistics, 2: 1-14.

WANG J, LIU J, ZHUAN D, et al.,2002. Spatial sampling design for monitoring the area of cultivated land[J]. International Journal of Remote Sensing, 23: 263-284.

WANG J F, HAINING R, CAO Z D, 2010a. Sample surveying to estimate the mean of a heterogeneous surface: reducing the error variance through zoning[J]. International Journal of Geographical Information Science, 24: 523-543.

WANG J F, HAINING R, LIU T J, et al.,2013. Sandwich estimation for multi-unit reporting on a stratified heterogeneous surface[J]. Environment and Planning a-Economy and Space, 45: 2515-2534.

WANG J F, LI X H, CHRISTAKOS G, et al.,2010b. Geographical Detectors-Based Health Risk Assessment and its Application in the Neural Tube Defects Study of the Heshun Region, China[J]. International Journal of Geographical Information Science, 24: 107-127.

WANG J F, LI X H, CHRISTAKOS G, et al.,2010c. Geographical Detectors - Based Health Risk Assessment and its Application in the Neural Tube Defects Study of the Heshun Region, China[J]. International Journal of Geographical Information Science, 24: 107-127.

WANG J F, ZHANG T L, FU B J, 2016. A measure of spatial stratified heterogeneity[J]. Ecological Indicators, 67: 250-256.

WANG S J, HUANG Y Y, ZHOU Y Q, 2019b. Spatial spillover effect and driving forces of carbon emission intensity at the city level in China[J]. Journal of Geographical Sciences, 29: 231-252.

WANG T, KANG F, CHENG X, et al.,2017. Spatial variability of organic carbon and total nitrogen in the soils of a subalpine forested catchment at Mt. Taiyue, China[J]. CATENA, 155: 41-52.

WANG Y, KHODADADZADEH M, ZURITA-MILLA R, 2023. Spatial plus: A new cross-validation method to evaluate geospatial machine learning models[J]. International Journal of Applied Earth Observation and Geoinformation, 121.

WASSERSTEIN R L, LAZAR N A, 2016. The ASA's Statement on p-Values: Context, Process, and Purpose[J]. The American Statistician, 70: 129-133.

WATSON G, TELESCA D, REID C, et al.,2019. Machine learning models accurately predict ozone exposure during wildfire events[J]. Environmental Pollution, 254.

WELLEK S. Testing Statistical Hypotheses of Equivalence and Noninferiority[C]//: CRC Press, 2010.

WELLEK S, 2017. A critical evaluation of the current "p-value controversy"[J]. Biometrical Journal, 59: 854-872.

WENGER S, OLDEN J, 2012. Assessing transferability of ecological models: an underappreciated aspect of statistical validation[J]. Methods in Ecology and Evolution, 3: 260-267.

WHITTLE P, 1954. On Stationary Processes in the Plane[J]. Biometrika, 41: 434-449.

WILSON A M, JETZ W, 2016. Remotely Sensed High-Resolution Global Cloud Dynamics for Predicting Ecosystem and Biodiversity Distributions[J]. Plos Biology, 14: 20.

WULDER M, BOOTS B, 2001. Local Spatial Autocorrelation Characteristics of Landsat TM Imagery of a Managed Forest Area[J]. Canadian Journal of Remote Sensing, 27: 67-75.

YAMANI A, KATTERBAEUR K, ALSHEHRI A, et al.,2023. SAMA: Spatially-Aware Model-Agnostic Machine Learning Framework for Geophysical Data[J]. IEEE Access, 11: 7436-7449.

YAN D, LEI Y, LI L, et al.,2017. Carbon emission efficiency and spatial clustering analyses in China's thermal power industry: Evidence from the provincial level[J]. Journal of Cleaner Production, 156: 518-527.

YANG J, LIU Q, DENG M, 2023a. Spatial hotspot detection in the presence of global spatial autocorrelation[J]. International Journal of Geographical Information Science, 37: 1787-1817.

YANG J, LIU Q, MAO X, et al.,2024. Generalized Yang Chizhong filtering and interpolation method without stationarity assumption[J]. International Journal of Geographical Information Science, 38: 1360-1387.

YANG W, DENG M, TANG J, et al.,2023b. Geographically weighted regression with the integration of machine learning for spatial prediction[J]. Journal of Geographical Systems, 25: 213-236.

YIN C H, HE Q S, LIU Y F, et al.,2018. Inequality of public health and its role in spatial accessibility to medical facilities in China[J]. Applied Geography, 92: 50-62.

YOO M, KOO H, 2024. Exploring the impact of spatial autocorrelation on optimistic bias in cross-validation and assessing the effectiveness of spatial cross-validation[J]. Cartography and Geographic Information Science, 11: 1-14.

YUAN J, BIAN Z, YAN Q, et al.,2020. An Approach to the Temporal and Spatial Characteristics of Vegetation in the Growing Season in Western China[J]. Remote Sensing, 12.

YUAN Y, LI B, YU W, et al.,2021. Estimation and mapping of soil organic matter content at a national scale based on grid soil samples, a soil map and DEM data[J]. Ecological Informatics, 66.

ZANETTI M, ALLEGRI E, SPEROTTO A, et al.,2022. Spatio-temporal cross-validation to predict pluvial flood events in the Metropolitan City of Venice[J]. Journal of Hydrology, 612.

ZHANG D, GENG X L, CHEN W X, et al.,2021. Inconsistency of Global Vegetation Dynamics Driven by Climate Change: Evidences from Spatial Regression[J]. Remote Sensing, 13: 19.

ZHANG Y, LIU Y F, LIU Y, et al.,2018. On the spatial relationship between ecosystem services and urbanization: A case study in Wuhan, China[J]. Science of the Total Environment, 637: 780-790.

ZHANG Y, WANG X L, FENG T, et al.,2019. Analysis of spatial-temporal distribution and influencing factors of pulmonary tuberculosis in China, during 2008-2015[J]. Epidemiology and Infection, 147.

ZHANG Z, LI Z, SONG Y, 2024. On ignoring the heterogeneity in spatial autocorrelation: consequences and solutions[J]. International Journal of Geographical Information Science, 38: 2545-2571.

ZHAO Z X, WU J R, CAI F J, et al.,2022. A statistical learning framework for spatial-temporal feature selection and application to air quality index forecasting[J]. Ecological Indicators, 144.

ZHOU Z, ZHANG A, 2021. High-speed rail and industrial developments: Evidence from house prices and city-level GDP in China[J]. Transportation Research Part A: Policy and Practice, 149: 98-113.

ZHU A-X, LU G, LIU J, et al.,2018. Spatial prediction based on Third Law of Geography[J]. Annals of GIS, 24: 225-240.

ZUO R, XIONG Y, 2020. Geodata science and geochemical mapping[J]. Journal of Geochemical Exploration, 209.

陈希孺,倪国熙. 数理统计学教程[M]. 合肥:中国科学技术大学出版社,2009.

古恒宇,揭阳扬. 西方空间计量经济学研究进展[J]. 地理与地理信息科学,2003,39: 106-114.

贾俊平,何晓群,金勇进. 统计学[M]. 5版. 北京:中国人民大学出版社,2012: 406.

裴涛. 条件模拟方法近期研究进展[J]. 天然气地球科学,2000,11: 37-40.

王劲峰,姜成晟,李连发,等. 空间抽样与统计推断[M]. 北京:科学出版社,2009.

张泽浦,王学军. 土壤微量元素含量空间分布的条件模拟[J]. 土壤学报,1998,35: 423-429.